ERALE

DES

LÉOPTÈRES

DE FRANCE

PAR

E. MULSANT

Correspondant de l'Institut,
...vateur de la Bibliothèque de la ville de Lyon, etc.

ET

CL. REY

... des Sociétés Linnéenne et d'Agriculture de Lyon, etc.

BRÉVIPENNES

...chariens. — Trigonuriens. — Protéiniens
Phléobiens

PARIS

DEYROLLE, NATURALISTE

RUE DE LA MONNAIE, 23

1879

HISTOIRE NATURELLE

DES

COLÉOPTÈRES

DE FRANCE

LYON. — IMPRIMERIE PITRAT AINÉ, RUE GENTIL, 4.

HISTOIRE NATURELLE

DES

COLÉOPTÈRES

DE FRANCE

PAR

E. MULSANT
Correspondant de l'Institut,
Conservateur de la Bibliothèque de la ville de Lyon, etc.

ET

CL. REY
Membre des Sociétés Linnéenne et d'Agriculture de Lyon, etc.

BRÉVIPENNES

Phléochariens. — Trigonuriens. — Protéiniens

Phléobiens

PARIS
DEYROLLE, NATURALISTE
RUE DE LA MONNAIE, 23

1879

TRIBU

DES

BRÉVIPENNES

SEPTIÈME FAMILLE

PHLÉOCHARIENS

CARACTÈRES. *Corps* allongé ou suballongé. *Tête* médiocrement saillante, plus ou moins engagée sous le prothorax, sans cou distinct. *Front* plus ou moins prolongé au devant de l'insertion des antennes. *Vertex* sans ocelle. *Tempes* séparées en dessous par un intervalle sensible ou assez grand. *Palpes maxillaires* de 4 articles, les *labiaux* subfiliformes, de 3. *Antennes* de 11 articles ; écartées à leur base ; insérées sous une légère saillie des bords latéraux du front, en avant du niveau antérieur des yeux, en dehors de la base externe des mandibules ; à 1er article normal, simplement en massue. *Prothorax* plus ou moins transverse, rebordé sur les côtés. *Élytres* mousses ou rebordées latéralement, prolongées au plus jusqu'au sommet des hanches postérieures, laissant à découvert au moins 5 segments de l'abdomen, sans compter celui de l'armure. *Abdomen* rebordé sur les côtés, ne se relevant pas en l'air, plutôt recourbé en dessous; le segment de l'armure le plus souvent caché. *Prosternum* assez développé au devant des hanches antérieures. *Mésosternum* assez grand. *Métasternum* à peine ou faiblement sinué pour l'insertion des hanches postérieures. *Hanches antérieures* coniques, médiocrement saillantes, moins longues que les cuisses ; les *intermédiaires* rapprochées ou légèrement distantes ; les *postérieures* à *lame supérieure* ordinairement transverse ; à *lame inférieure* verticale ou déclive, parfois subexplanée en dehors, mais étroite. *Trochanters postérieurs* assez grands, atteignant le quart ou le tiers de la longueur des cuisses. *Tibias* finement pubescents, quelquefois épineux. *Tarses* de 5 articles.

Obs. Cette famille est distincte des *Oxytéliens* par la tête plus engagée sous le prothorax, sans cou distinct ; par les tempes moins rapprochées en dessous, et surtout par les trochanters plus développés, atteignant environ le tiers des cuisses.

Nous la subdiviserons en 4 genres plus ou moins disparates :

- *Tête, prothorax et élytres*
  - sans côtes. *Tibias*
    - sétuleux, épineux surtout en dehors. *Élytres* rebordées sur les côtés. *Tête* plus ou moins grande. *Taille* moyenne. Forme d'*Oxytèle*. . . . . **Olisthaerus.**
    - finement pubescents, mutiques. *Élytres* non rebordées sur les côtés. *Taille* très petite. Forme de *Tachine*. *Métasternum*
      - médiocre ou assez court. *Yeux* assez grands. *Élytres* plus longues que le prothorax. *Corps* ailé. . . . . **Phloeocharis.**
      - très court. *Yeux* petits ou nuls. *Élytres* plus courtes que le prothorax. *Corps* aptère. . . . **Scotodytes.**
  - avec des côtes prononcées. *Tibias* finement hispido-sétosellés en dehors. *Élytres* rebordées-carénées sur les côtés. *Tête* plus étroite que le prothorax. *Taille* petite. . . . . . **Pseudopsis.**

Genre *Olisthaerus*, Olisthère ; Erichson.

Erichson, Gen. et Spec. Staph. 843. — Jacquelin Duval, Gen. Staph. 64, pl. 23, fig. 113.

Étymologie : ὀλισθηρὸς, glissant.

Caractères. *Corps* allongé, sublinéaire, déprimé, ailé.

Tête plus ou moins grande, assez saillante, atténuée en avant, faiblement resserrée à sa base, un peu engagée dans le prothorax, sans cou distinct. *Tempes* mousses latéralement, légèrement mamelonnées en dessous, où elles sont séparées par un intervalle sensible et sublinéaire.

Épistome court, plus étroit et tronqué en avant. *Labre* transverse, tronqué au sommet. *Mandibules* un peu saillantes, assez robustes, arquées, croisées au repos, mutiques (1). *Palpes maxillaires* assez développés, à 1er article petit : le 2e suballongé, en massue subarquée : le 3e un peu plus court, obconique : le dernier un peu moindre, acuminé. *Palpes labiaux* peu allongés, de 3 articles : le 2e plus épais : le dernier plus étroit, mousse ou subtronqué. *Menton* court, trapéziforme, plus étroit en avant, subéchancré au sommet.

Yeux assez petits, à peine saillants, subsemilunaires, aplatis en arrière, séparés du prothorax par un grand intervalle.

Antennes médiocres, légèrement épaissies, faiblement coudées après le 1er article : celui-ci assez grand, en massue : les 2e et 3e obconiques celui-ci plus long : les suivants graduellement plus courts : le dernier ovalaire.

Prothorax transverse, subrétréci en arrière, de la largeur des élytres ; subéchancré au sommet, tronqué à la base ; très-finement rebordé sur celle-ci et sur les côtés. *Repli* visible latéralement, en forme de bandeau assez large, dilaté derrière les hanches en triangle atténué, d'une autre texture et représentant les épimères de l'antépectus.

Écusson assez grand, subogival.

Élytres transverses ou subcarrées, tronquées au sommet, plus obliquement vers leur angle postéro-externe ; presque droites sur les côtés ; finement rebordées sur ceux-ci et sur la suture. *Repli* médiocre, fortement infléchi, à bord inférieur doublé. *Épaules* saillantes.

Prosternum assez développé, rétréci entre les hanches antérieures en angle aigu. *Mésosternum* assez grand, fortement rétréci en arrière en pointe acérée, prolongée jusqu'aux deux tiers des hanches intermédiaires. *Médiépisternums* grands, séparés du mésosternum par une suture subarquée. *Médiépimères* assez petites, oblongues. *Métasternum* assez court, subsinué pour l'insertion des hanches postérieures, mousse entre celles-ci ; avancé entre les intermédiaires en angle subaigu jusqu'à la pointe mésosternale. *Postépisternums* médiocres, subparallèles ou à peine rétrécis postérieurement. *Postépimères* cachées.

Abdomen assez allongé, subparallèle, rebordé sur les côtés, se recour-

(1) Nous avons vu, dans les *Oxytéliens*, que les mandibules, à cause de leur instabilité, ne sauraient caractériser un genre, et encore moins une subdivision d'un ordre supérieur. On peut en dire autant des autres organes de la bouche, qui doivent généralement passer en dernière ligne.

bant plutôt en dessous ; à 2e segment basilaire caché : les 4 suivants subégaux : le 5e un peu plus grand, tronqué et muni à son bord apical d'une fine membrane à peine sensible : le 6e saillant, assez étroit, rétractile : le 7e non ou peu apparent. *Ventre* à 1er arceau caréné à sa base, les suivants subégaux, le 5e un peu plus grand : le 6e saillant, rétractile : le 7e souvent caché.

Hanches antérieures médiocres, moins longues que les cuisses, modérément saillantes, coniques, contiguës. Les *intermédiaires* aussi grandes, conico-subovales, peu saillantes, légèrement distantes. Les *postérieures* grandes, subcontiguës en dedans ; à *lame supérieure* transverse, étroite en dehors, mais brusquement dilatée intérieurement en cône mousse ; à *lame inférieure* déclive, subexplanée et rétrécie en dehors où elle s'élève au niveau de la supérieure.

Pieds assez courts, assez robustes. *Trochanters antérieurs* et *intermédiaires* petits, en onglet : les *postérieurs* assez grands, suballongés, atteignant environ le tiers de la longueur des cuisses. *Celles-ci* comprimées, subélargies. *Tibias* graduellement subélargis vers leur sommet, armés au bout de leur tranche inférieure de 2 éperons assez forts ; les *antérieurs* et *intermédiaires* éparsement et distinctement épineux en dehors, à peine en dessous ; les *postérieurs*, seulement avec 1 ou 2 épines subterminales sur leur tranche externe. *Tarses* assez courts, de 5 articles : les 4 premiers graduellement plus courts : le dernier subégal aux 3 précédents réunis. *Ongles* petits, grêles, subarqués.

Obs. Les *Olisthaerus*, remarquables par leur aspect lisse, ont la démarche lente. Ils vivent sous les écorces des arbres.

Nous ne connaissons que 2 espèces de ce genre :

a. *Tête* grande, presque aussi large que le prothorax. . . 1. MEGACEPHALUS.
aa. *Tête* moyenne, sensiblement moins large que le prothorax. 2. SUBSTRIATUS (1).

1. **Olisthaerus megacephalus**, Zetterstedt.

Allongé, sublinéaire, déprimé, d'un roux châtain luisant, avec la tête et l'abdomen plus obscurs, le sommet de celui-ci, la bouche, les antennes et les pieds d'un roux ferrugineux. Tête presque aussi large que le prothorax, lisse, marquée entre les antennes d'une fine ligne arquée. Vertex obsolè-

(1) Chez M. Fauvel, dans le tableau des espèces (20), il y a erreur. C'est l'inverse qui a lieu.

tement pointillé. Prothorax transverse, de la largeur des élytres, sinueusement subrétréci en arrière, très lisse. Élytres transverses, plus longues que le prothorax, finement et assez densement striées. Abdomen éparsement ponctué, éparsement pubescent, longuement sétosellé.

Omalium megacephalum, ZETTERSTEDT, Faun. Lapp. I, 56, 17; — Ins. Lapp. 54, 25.
Olisthaerus megacephalus, HEER, Faun. Helv. I, 173, 2. — ERICHSON, Gen. et Spec. Staph. 843, 1. — JACQUELIN DUVAL, Gen. Staph. pl. 23, fig. 115. — THOMSON, Skand. Col. III, 176, 2. — FAUVEL, Faun. Gallo-Rhén. III, 20, note 1.

Long., 0m,0062 (2 3/4 l.); — larg., 0m,0015 (2/3 l.).

PATRIE. Cette espèce, propre au Nord de l'Europe, se prend en Suisse, aux environs de Berne. Elle pourra un jour se rencontrer dans les Alpes françaises.

OBS. Elle a le faciès de quelque *Oxytélien*.

2. Olisthaerus substriatus, GYLLENHAL.

Allongé, sublineaire, déprimé, d'un roux ferrugineux luisant, avec la tête et parfois les élytres plus foncées, la bouche, les antennes et les pieds roux. Tête sensiblement moins large que le prothorax, lisse, transversalement impressionné entre les antennes, à vertex finement pointillé. Prothorax transverse, de la largeur des élytres, rétréci en avant, sinueusement subrétréci en arrière, lisse, obsolètement fovéolé de chaque côté près des angles postérieurs. Élytres subcarrées, plus longues que le prothorax, substriolées sur leur disque, plus obsolètement vers la base. Abdomen assez fortement et densement ponctué, éparsement pubescent et longuement sétosellé.

Omalium substriatum, GYLLENHAL, Ins. Suec. II, 232, 29. — SAHLBERG, Ins. Fenn. I, 288, 27. — ZETTERSTEDT, Faun. Lapp. I, 55, 16; — Ins. Lapp. 53, 24.
Olisthaerus substriatus, HEER, Faun. Helv. I, 173, 1. — ERICHSON, Gen. et Spec. Staph. 844, 2. — THOMSON, Skand. Col. III, 176, 1. — FAUVEL, Faun. Gallo-Rhén. III, 20, 1.

Long., 0m,0058 (2 2/3 l.); — larg., 0m,0012 (1/2 l.).

Patrie. Cette espèce se prend, en été, sous l'écorce des pins et sapins cariés, dans le Valais et aux environs de Berne, probablement aussi dans plusieurs autres cantons de la Suisse.

Obs. Elle diffère de la précédente par sa tête moins large, et surtout par son abdomen plus fortement et plus densement ponctué. Le prothorax est moins court, plus rétréci en avant. Les élytres sont plus longues. La taille est un peu moindre, la couleur du prothorax et de l'abdomen un peu plus claire, etc.

Sa forme générale se rapproche beaucoup de celle des *Phloeocharis*.

Genre *Phloeocharis*, Phléochare ; Mannerheim.

Mannerheim, Brach. 50. — Jacquelin Duval, Gen. Staph. 64, pl. 24, fig. 117.

Étymologie : φλοίος, écorce; χαίρω, je me plais.

Caractères. *Corps* allongé, subfusiforme, subdéprimé, ailé. *Tête* petite, assez saillante, subatténuée en avant, un peu resserrée à sa base, subengagée dans le prothorax, sans cou distinct. *Tempes* mousses latéralement, séparées en dessous par un intervalle large, évasé en arrière. *Épistome* non distinct du front, tronqué en avant. *Labre* transverse, tronqué ou à peine échancré au sommet. *Mandibules* peu saillantes, unidentées intérieurement (1). *Palpes maxillaires* médiocres, à 1er article très petit : le 2e suballongé : le 3e aussi long mais fortement épaissi : le dernier petit, grêle, subulé. *Palpes labiaux* petits, de 3 articles : le 1er subcylindrique : le 2e plus court : le dernier subégal au 1er, mais plus grêle, subacuminé. *Menton* court, transverse, plus étroit en avant, tronqué au sommet.

Yeux assez grands, plus ou moins saillants, semi-globuleux, situés en arrière près du prothorax.

Antennes assez courtes, sensiblement épaissies vers leur extrémité, presque droites; à 1er article épaissi en massue ; le 2e presque aussi épais : les suivants graduellement plus courts : le dernier grand, brièvement ovalaire.

Prothorax transverse, subrétréci en avant, au moins de la largeur des

(1) Nous donnons ce caractère, d'après les auteurs.

élytres; tronqué au sommet et à la base ; à peine rebordé sur celles-ci et sur les côtés. *Repli* un peu visible, vu latéralement, en forme de bandeau longitudinal assez étroit, émettant une pointe grêle derrière les hanches antérieures.

Écusson assez petit, triangulaire.

Élytres transverses, plus longues que le prothorax, tronquées au sommet, émoussées ou subéchancrées à leur angle postéro-externe, subarquées sur les côtés ; mousses sur ceux-ci ; non visiblement rebordées sur la suture. *Repli* étroit, peu infléchi, sublinéaire. *Épaules* non saillantes.

Prosternum sensiblement développé au devant des hanches antérieures, offrant entre celles-ci un petit angle, court. *Mésosternum* assez grand, relevé en dos d'âne sur sa ligne médiane ; prolongé en arrière en pointe subacérée, jusqu'aux deux tiers des hanches intermédiaires. *Médiépisternums* grands, soudés au mésosternum. *Médiépimères* médiocres, irrégulières. *Métasternum* assez court, à peine sinué pour l'insertion des hanches postérieures ; mousse entre celles-ci ; avancé entre les intermédiaires en un petit angle subaigu, jusqu'à la rencontre de la pointe mésosternale. *Postépisternums* étroits, en onglet effilé. *Postépimères* cachées.

Abdomen assez allongé, subatténué vers son extrémité, rebordé sur les côtés, se recourbant légèrement en dessous ; à 2e segment basilaire caché : les 4 suivants subégaux : le 5e plus grand, tronqué ou subtronqué et muni à son bord apical d'une très fine membrane pâle, souvent nulle : le 6e étroit, peu saillant, rétractile : celui de l'armure non apparent. *Ventre* à 1er arceau carinulé à sa base (1) : les suivants subégaux : le 5e plus grand : le 6e peu saillant, rétractile : le 7e caché.

Hanches antérieures médiocres, bien moins longues que les cuisses, assez saillantes, coniques, contiguës. Les *intermédiaires* aussi grandes, subovales, peu saillantes, convexes intérieurement, légèrement distantes. Les *postérieures* assez grandes, subcontiguës ou rapprochées en dedans ; à *lame supérieure* transverse, très étroite en dehors, mais brusquement dilatée intérieurement ; à *lame inférieure* verticale ou enfouie, peu distincte.

Pieds assez courts, assez robustes. *Trochanters antérieurs* et *intermédiaires* petits, en onglet ; les *postérieurs* plus grands, suballongés, atteignant environ le tiers de la longueur des cuisses. *Celles-ci* subcomprimées,

(1) La carène s'avance sur le 2e arceau basilaire.

faiblement élargies. *Tibias* graduellement subélargis vers leur sommet, armés au bout de leur tranche inférieure de 2 très petits éperons peu distincts ; tous, finement et simplement pubescents sur leur tranche externe. *Tarses* courts ou assez courts, de 5 articles : les 4 premiers courts, plus ou moins dilatés dans les antérieurs : le dernier subégal aux précédents réunis. *Ongles* petits, grêles, arqués.

Obs. Les *Phléochares* ont la démarche lente. On les rencontre sous les écorces des vieux arbres. Elles simulent un petit *Tachinus* ou une *Oxypoda*. Comme chez les *Tachyporiens* l'abdomen tend à se recourber en dessous plutôt qu'en dessus, à l'état de repos.

Cette coupe générique renferme une seule espèce française.

1. **Phloeocharis subtilissima**, Mannerheim.

Allongée, subfusiforme, subdéprimée, finement pubescente, d'un noir de poix peu brillant, avec les élytres d'un rouge brun, les intersections abdominales d'un roux de poix, la bouche, les antennes et les pieds testacés. Tête moins large que le prothorax, très finement pointillée. Yeux assez grands. Prothorax transverse, aussi large ou un peu plus large que les élytres, subrétréci en avant, très finement pointillé. Élytres transverses, un peu plus longues que le prothorax, finement pointillées. Abdomen finement pointillé.

Phloeocharis subtilissima, Mannerheim, Brach. 50, 1. — Erichson, Col. March. I, 612, 1 ; — Gen. et Spec. Staph, 845, 1. — Heer, Faun. Helv. I. 172, 1. — Redtenbacher, Faun. Austr. ed. 2, 241. — Fairmaire et Laboulbène, Faun. Ent. Fr. I, 623, 1. — Kraatz, Ins. Deut. II, 1038, 1. — Jacquelin Duval, Gen. Staph. pl. 24, fig. 117. — Thomson, Skand. Col. III, 114, 1. — Fauvel, Faun. Gallo-Rhén. III, 21, 1, pl. 1, fig. 3.

Long., 0^m,0018 (3/4 l.) ; — larg., 0^m,00042 (1/5 l.).

Corps allongé, subfusiforme, subdéprimé ou peu convexe, d'un noir de poix peu brillant, avec les élytres d'un rouge brun et les intersections abdominales encore plus claires ; revêtu d'une fine pubescence grise, couchée, assez longue et assez serrée.

Tête plus d'un tiers moins longue que le prothorax, à peine convexe, très finement et densement pointillée, finement pubescente, d'un noir de poix un peu brillant. *Labre* roux. *Bouche* testacée.

Yeux assez grands, semi-globuleux, obscurs, à facettes fines.

Antennes environ de la longueur de la tête et du prothorax, sensiblement épaissies, finement duveteuses et assez fortement pilosellées, testacées avec les pénultièmes articles parfois un peu plus foncés ; à 1er article épaissi en massue suboblongue : le 2e presque aussi épais, subovalaire : le 3e plus étroit, obconique : les suivants petits, graduellement plus courts et plus épais : le 10e un peu plus grand : le dernier brièvement ovalaire, presque mousse au bout.

Prothorax transverse, bien plus large que long, un peu plus large ou au moins aussi large que les élytres ; tronqué au sommet et à la base ; subrétréci en avant ; plus ou moins arqué sur les côtés, avec les angles antérieurs subarrondis et les postérieurs presque droits ; faiblement convexe ; finement pubescent ; très finement et densement pointillé ; parfois marqué sur le dos de 2 impressions longitudinales, rapprochées et à peine distinctes ; d'un noir de poix peu ou un peu brillant. *Repli* d'un noir ou brun de poix brillant.

Écusson finement chagriné, brunâtre.

Élytres transverses, un peu mais évidemment plus longues que le prothorax, non ou à peine plus larges en arrière qu'en avant ; subdéprimées ou très faiblement convexes ; finement et assez longuement pubescentes ; finement et assez densement pointillées ; d'un rouge brun peu brillant et plus ou moins foncé. *Épaules* étroitement arrondies.

Abdomen assez allongé, aussi large à sa base que les élytres, subatténué vers son extrémité ; assez convexe ; revêtu d'une fine pubescence assez longue, à peine moins serrée que celle des élytres ; obsolètement sétosellé vers son sommet ; finement et assez densement pointillé ; d'un noir de poix un peu brillant, avec la marge apicale des segments roussâtre, celle du 5e plus largement. Le 6e peu saillant, roux, subarrondi au bout.

Dessous du corps d'un noir de poix assez brillant, avec le sommet du ventre et les intersections ventrales roussâtres. *Métasternum* subconvexe, finement pubescent, légèrement pointillé. *Ventre* convexe, assez longuement pubescent, obsolètement sétosellé vers son sommet, finement pointillé ; à 6e arceau peu saillant, roux, subarrondi au bout.

Pieds finement pubescents, légèrement pointillés, testacés ou d'un roux testacé avec les tarses plus clairs. *Tarses antérieurs* à 4 premiers articles subdilatés, tomenteux en dess

Patrie. Cette espèce, peu commune, se prend sous les écorces et dans le tan des vieux troncs et des branches mortes, et en secouant les vieux fagots, dans une grande partie de la France. Nous ne l'avons pas rencontrée en Provence.

Obs. Elle ressemble à un petit *Tachinus* ou à une petite *Oxypoda*.

Les immatures ont le prothorax brunâtre et les élytres rousses. Chez les plus adultes, celles-ci sont d'un noir de poix, avec l'abdomen toujours à intersections rousses (1).

Le prothorax est tantôt évidemment plus large, tantôt non ou à peine plus large que les élytres : serait-ce là une différence de sexe ?

Genre *Scotodytes*, Scotodyte ; de Saulcy.

De Saulcy, Ann. Soc. Ent. Fr. 1865, 18.

Étymologie : σκότος, ténèbres ; δύτης, qui plonge.

Caractères. *Corps* plus ou moins allongé, subfusiforme, subdéprimé ou peu convexe, aptère.

Tête médiocre, assez saillante, obtuse en avant, non ou à peine resserrée en arrière, plus ou moins engagée dans le prothorax, sans cou distinct. *Tempes* mousses latéralement, séparées en dessous en leur milieu par un intervalle assez large. *Épistome* non distinct du front, subtronqué en avant. *Labre* transverse. *Mandibules* peu saillantes, subarquées. *Palpes maxillaires* médiocres, à 1er article très petit : le 2e suballongé : le 3e plus grand, subovalairement renflé : le dernier plus court, grêle, subulé. *Palpes labiaux* petits, de 3 articles. *Menton* assez grand, trapéziforme, plus étroit en avant, tronqué au sommet.

Yeux petits, peu saillants, subarrondis, à facettes grossières, situés en arrière, près du prothorax ; parfois nuls.

Antennes assez courtes, plus ou moins épaissies vers leur extrémité, presque droites ; à 1er article épaissi en massue : le 2e presque aussi épais : les suivants, en général, graduellement plus courts : les 3 derniers plus épais, formant une massue oblongue ou suballongée : le dernier grand, brièvement ovalaire.

(1) La *minutissima* de Heer (173) aurait l'abdomen noir à sommet testacé. Par la taille et la couleur on soupçonnerait qu'elle pourrait se ra orter à une *Oligota* (parva)?

Prothorax large, subtransverse, subrétréci en avant ou parfois en arrière, au moins de la largeur des élytres; tronqué au sommet et à la base, à peine visiblement rebordé sur celle-ci et sur les côtés. *Repli* un peu visible vu latéralement, assez étroit, brusquement dilaté en angle très aigu, derrière les hanches antérieures.

Écusson petit ou très petit, triangulaire.

Élytres courtes ou très courtes, moins longues que le prothorax, élargies en arrière, subobliquement tronquées au sommet (1), émoussées à leur angle postéro-externe; subarquées sur les côtés; mousses sur ceux-ci; non visiblement rebordées sur la suture. *Repli* étroit, assez infléchi; rétréci en arrière. *Épaules* effacées.

Prosternum convexe, sensiblement développé au devant des hanches antérieures, offrant entre celles-ci un angle très obtus. *Mésosternum* assez grand, carinulé sur sa ligne médiane, prolongé en arrière en angle très aigu, jusques au moins à la moitié des hanches intermédiaires. *Médiépisternums* grands. *Médiépimères* médiocres, oblongues. *Métasternum* très court, resserré sur les côtés par les hanches intermédiaires et postérieures, réduit dans son milieu à une espèce de losange transverse. *Postépisternums* étroits. *Postépimères* cachées.

Abdomen allongé, un peu voûté en dessus, subparallèle, subatténué vers son sommet, rebordé sur les côtés, se recourbant un peu en dessous ; à 2e segment basilaire caché : les 4 suivants subégaux : le 5e un peu plus grand, largement tronqué : le 6e étroit, peu saillant, rétractile : celui de l'armure caché. *Ventre* à 4 premiers arceaux subégaux, le 5e plus grand : le 6e peu saillant, rétractile : le 7e caché.

Hanches antérieures médiocres, bien moins longues que les cuisses, coniques, contiguës. Les *intermédiaires* aussi grandes, ovales-oblongues, peu saillantes, convexes intérieurement, légèrement distantes ; les *postérieures* assez grandes, rapprochées en dedans ; à *lame supérieure* transverse, assez étroite en dehors, assez brusquement dilatée intérieurement en cône oblong ; à *lame inférieure* verticale ou enfouie.

Pieds assez courts. *Trochanters antérieurs* et *intermédiaires* petits, en onglet ; les *postérieurs* un peu plus grands, subelliptiques. *Cuisses* subcomprimées, faiblement élargies. *Tibias* graduellement subélargis vers leur extrémité, finement et simplement pubescents, armés au bout de leur

(1) De manière à former à leur angle sutural un angle très ouvert ou à paraître comme simultanément subéchancrées.

tranche inférieure de 2 très petits éperons, peu distincts. *Tarses* de 5 articles, le dernier assez grêle, subégal aux précédents réunis; les *antérieurs* et *intermédiaires* plus ou moins courts, à 4 premiers articles courts ou très courts ; les *postérieurs* un peu plus longs, à 4 premiers articles assez courts, subégaux. *Ongles* très petits, très grêles, subarqués.

Obs. Ce genre est assez distinct des *Phloeocharis* par son corps plus brillant, plus lisse, aptère; par ses yeux bien plus petits et pafois nuls; par ses élytres plus courtes et plus élargies en arrière ; et surtout par son métasternum beaucoup moins développé, fortement resserré sur les côtés par les hanches intermédiaires et postérieures. Les espèces qui le composent, très peu agiles, sont hypogées et très peu nombreuses. Nous les caractériserons ainsi :

a. *Yeux* petits, à facettes grossières. *Écusson* assez petit.
  b. *Corps* noir. *Prothorax* très large, fortement arqué sur les côtés, à *angles postérieurs* très obtus. . . . . 1. LATICOLLIS.
  bb. *Corps* d'un roux testacé. *Prothorax* moins large, faiblement arqué sur les côtés, à *angles postérieurs* subobtus. . . . 2. CORSICUS.
aa. *Yeux* nuls ou lisses. *Écusson* très petit, à peine distinct. *Corps* d'un roux testacé. . . . . 3. PARADOXUS

1. Scotodytes laticollis, Fauvel.

Phloeocharis laticollis, Fauvel, Faun. Gallo-Rhén. III, Suppl. 25.

Très distincte de *subtilissima* par ses yeux petits comme chez *corsica* et ses élytres encore plus courtes ; différente, en outre, de cette dernière par sa couleur noire, avec les antennes d'un testacé obscur, la bouche et les pattes d'un brun clair ; remarquable dans le genre par son corps large, court, peu convexe, la tête et le corselet plus brillants, moins chagrinés, à ponctuation éparse, très obsolète ; le dernier très large, fortement transverse, très arrondi sur les côtés avec les angles postérieurs très obtus, tandis qu'ils sont presque droits chez *corsica ;* disque non impressionné ; écusson peu visible, comme dans cette dernière espèce ; élytres bien plus longues, à ponctuation analogue, celle de l'abdomen très fine, serrée, subsquamuleuse sous la pubescence ; antennes à articles à peine plus courts. — Long., 1 1/3 millim.

Sous les détritus de feuilles de hêtre, avec des *Leptusa* et le *Scotodipnus alpinus ;* fin juillet (T R.).

Piémont, val de Stura, près la frontière française (Baudi).

Obs. Nous n'avons pas vu cette espèce en nature. Nous en avons rapporté la description de M. Fauvel. Elle pourra quelque jour se rencontrer en France.

2. Scotodytes corsicus, Fauvel.

Allongé, subfusiforme, peu convexe, subéparsement pubescent, d'un roux testacé brillant, avec le sommet de l'abdomen, la bouche, les antennes et les pieds plus clairs. Tête moins large que le prothorax, très finement chagrinée, à peine et très éparsement pointillée. Yeux petits. Prothorax transverse, de la largeur des élytres, à peine rétréci en avant, faiblement arqué sur les côtés, très finement chagriné, éparsement et obsolètement pointillé. Élytres courtes, au moins d'un quart moins longues que le prothorax, élargies en arrière, à peine chagrinées, éparsement pointillées. Abdomen légèrement pointillé.

Scotodytes corsicus, de Saulcy, in litteris.
Phloeocharis corsica, Fauvel, Faun. Gallo-Rhén. III, Suppl. 1.

Long., 0m,0014 (2/3 l.); — larg., 0m,0004 (1/5 l.).

Patrie. Cette espèce a été capturée en Corse, par M. Revelière, sous les pierres, les feuilles mortes, à la racine des plantes, dans les montagnes, aux environs de Quenza, de Corte, etc.

Obs. Outre la couleur plus claire et la taille moindre, elle se distingue de la *Phloeocharis subtilissima* par son aspect plus brillant, plus lisse et moins pubescent ; par ses yeux plus petits, à facettes plus grossières et micacées ; par ses élytres bien plus courtes, élargies en arrière, sans ailes en dessous. Le prothorax est moins large et moins arqué sur les côtés, un peu moins rétréci en avant, etc.

Sa couleur, ainsi que la forme du prothorax, le sépare suffisamment du *laticollis*.

3. Scotodytes paradoxus, DE SAULCY.

Aptère, allongé, subfusiforme, subconvexe, éparsement pubescent, d'un roux testacé brillant, avec la bouche, les antennes et les pieds plus pâles. Tête moins large que le prothorax, presque lisse. Yeux nuls. Prothorax transverse, un peu plus large que les élytres, à peine plus étroit en avant, presque lisse ou à peine pointillé. Élytres courtes, subégales aux deux tiers du prothorax, presque lisses ou à peine pointillées. Abdomen finement pointillé, plus lisse en arrière.

Scotodytes paradoxus, DE SAULCY, Ann. Soc. Ent. Fr. 1865, 19.
Thermocharis caeca, FAUVEL, Faun, Gallo-Rhén. III, 22, pl. 1, fig. 4.
Thermocharis subclavata, MULSANT et REY, Op. Ent. 1875, XVI, 207.

Long., $0^m,0013$ (1/2 l. forte) ; — larg., $0^m,0003$ (1/7 l.).

Corps aptère, allongé, subfusiforme, subconvexe, d'un roux testacé brillant ; parsemé d'une légère pubescence blonde, plus serrée sur l'abdomen.

Tête sensiblement moins large que le prothorax, subconvexe ; presque lisse et presque glabre, avec 1 longue soie sur le côté des tempes ; d'un roux testacé, luisant. *Mandibules* testacées, à pointe un peu rembrunie. *Palpes* testacés.

Yeux nuls ou lisses.

Antennes presque aussi longues que la tête et le prothorax réunis ; à peine pubescentes, testacées : à 2 premiers articles fortement renflés : les suivants petits, submoniliformes, subglobuleux ou à peine transverses : les 7e et 8e à peine plus larges, mais un peu plus courts : les 3 derniers assez grands et assez épais, formant une massue assez brusque et suballongée : le 9e fortement, le 10e moins fortement transverses : le dernier plus long que le précédent, courtement ovalaire, presque mousse au sommet, terminé par une petite soie.

Prothorax transverse, sensiblement plus large que long, sensiblement plus large en arrière que la base des élytres, un peu ou à peine plus large dans son milieu que celles-ci à leur extrémité ; à peine plus étroit en avant qu'en arrière, arqué sur les côtés ; largement tronqué au sommet, avec les angles antérieurs assez marqués, presque droits ; tronqué ou à peine arrondi à sa base, avec celle-ci subimpressionnée de chaque côté, sur sa marge même, vers les angles postérieurs qui sont subobtus (1) ; assez convexe ; parsemé de poils blonds et très clairsemés ; presque lisse ou éparsement et à peine pointillé sur son disque ; entièrement d'un roux testacé luisant. *Repli* d'un testacé pâle.

Écusson très petit, peu distinct, brunâtre.

Elytres courtes, égalant environ les deux tiers du prothorax ; sensiblement et subarcuément élargies en arrière ; subconvexes ; subimpressionnées sur la suture jusques environ le milieu de celles-ci ; parsemées d'une légère pubescence blonde et brillante ; presque lisses ou à peine pointillées ; offrant sur les côtés, vers leur base, un pli ou strie longitudinale peu marquée ; entièrement d'un roux testacé brillant. *Épaules* cachées. *Ailes* nulles.

Abdomen allongé, de la largeur des élytres, presque 4 fois plus prolongé que celles-ci ; subparallèle ou à peine arqué sur les côtés, et puis sensiblement rétréci en arrière dans son dernier tiers ; longitudinalement convexe ; recouvert d'une fine pubescence blonde, un peu plus serrée que celle des élytres, avec quelques soies redressées ; finement et légèrement pointillé sur les 4 premiers segments, presque lisse sur les suivants ; d'un roux testacé assez brillant. Le 6e *segment* petit, étroit, subarrondi au bout.

Dessous du corps d'un roux testacé brillant. *Ventre* finement pubescent, pointillé.

Pieds à peine pubescents, presque lisses, d'un roux testacé pâle. *Tibias antérieurs* et *intermédiaires* sensiblement élargis de la base au sommet, obliquement coupés à celui-ci, parés dans le dernier tiers de leur tranche externe de 2 ou 3 soies assez raides : les *antérieurs* subarqués. *Tarses* courts, à 4 premiers articles dilatés.

Patrie. Cette très rare espèce nous a été communiquée par notre ami Valéry Mayet, qui l'a capturée, vers le milieu de mai, à la Massane (Pyrénées-Orientales), sous les pierres profondément enfoncées. M. Félicien de Saulcy, plus tard, nous en a communiqué un deuxième exemplaire pris à Banyuls-sur-Mer, ce qui nous a permis de constater que notre *Thermocharis subclavata* était synonyme de *Scotodytes paradoxus*.

Dans le dessin de la *Thermocharis caeca* (Pl. I, fig. 4), donné par

(1) A un certain jour, on aperçoit un petit point enfoncé sur l'angle postérieur même.

l'auteur de la faune gallo-rhénane, les antennes présentent tous leurs articles comme plus ou moins oblongs, tandis que, chez le *Sc. paradoxus*, les 3e à 8e sont subglobuleux ou subtransverses, mais nullement oblongs, et les 9e et 10e fortement transverses. Dans la même figure, le 2e article des antennes est suboblong, bien plus grêle que le 1er, au lieu que, dans le *paradoxus*, ce même 2e article est subglobuleux et aussi renflé que le basilaire, etc. La figure serait-elle défectueuse, ou bien les antennes varieraient-elles d'un sexe à l'autre ?

Genre *Pseudopsis*, PSEUDOPSE ; Newman.

NEWMAN, Ent. Mag. II, 1834, 313. — JACQUELIN DUVAL, Gen. Staph. 81, pl. 28, fig. 138.
ÉTYMOLOGIE : ψευδής, faux ; ὄψις, aspect.

CARACTÈRES. *Corps* oblong, subelliptique, déprimé.

Tête petite, assez saillante, subatténuée en avant, un peu resserrée à sa base, subengagée dans le prothorax, sans coup distinct, tricarénée. *Tempes* munies latéralement d'une arête subarquée, obliquement dirigée de l'angle antérieur du prothorax jusque dessous l'œil; séparées en dessous par un intervalle sensible, évasé en arrière. *Épistome* distinct du ront par une différence de plan, largement tronqué au sommet. *Labre* saillant, transverse, subéchancré en avant. *Mandibules* saillantes, assez fortes, arcuément coudées, la droite plus brusquement *Palpes maxillaires* assez développés, à 1er article petit : le 2e obconique, assez court : le 3e plus long, épaissi, subovalaire : le dernier aussi long, grêle, subcylindrique. *Palpes labiaux* bien distincts, de 3 articles, graduellement plus étroits : le 2e un peu plus court : le dernier assez grêle, subcylindrique ou à peine épaissi au bout. *Menton* assez grand, transverse, tronqué au sommet.

Yeux assez grands, subarrondis, peu saillants, séparés du prothorax par un intervalle médiocre.

Prothorax transverse, subrétréci en avant, un peu moins large que les élytres, tronqué au sommet, subarrondi à la base, rebordé sur les côtés, 4-carénésur le dos. *Repli* grand, visible vu de côté, brusquement dilaté derrière les hanches antérieures.

Écusson assez petit, subsemicirculaire ou subogival, unicarinulé.

Elytres transverses, tronquées au sommet, subémoussées à leur angle postéro-externe, subrectilignes sur les côtés, finement rebordées sur la suture ; surmontées de 4 carènes ou côtes longitudinales : 2 sur le disque, 1 sur la marge latérale même, 1 sur le repli. *Celui-ci* large, fortement infléchi, à bord inférieur finement doublé. *Épaules* peu saillantes.

Prosternum assez développé au devant des hanches antérieures, offrant entre celles-ci un angle court et ouvert. *Mésosternum* assez grand, échancré en avant, prolongé en arrière en angle subaigu jusqu'au tiers des hanches intermédiaires. *Médiépisternums* très grands, séparés du mésosternum par une arête suboblique sensible. *Médiépimères* assez petites, oblongues, irrégulières. *Métasternum* court, à peine sinué pour l'insertion des hanches postérieures, mousse entre celles-ci ; subtronqué ou à peine angulé entre les intermédiaires. *Postépisternums* médiocres, étroits, subarqués. *Postépimères* petites, subtriangulaires.

Abdomen suballongé, assez fortement atténué en arrière, largement relevé sur les côtés en forme de tranche ; ne se relevant pas en dessus ; à 2e segment basilaire caché : les suivants subégaux, impressionnés en chevron : le 5e bien plus grand, subtronqué à son bord apical : le 6e étroit, saillant, conique, subarrondi au bout : celui de l'armure assez saillant. *Ventre* à 4 premiers arceaux subégaux, le 5e plus grand, le 6e saillant : le 7e apparent, échancré au sommet.

Hanches antérieures médiocres, moins longues que les cuisses, assez saillantes, coniques, contiguës. Les *intermédiaires* à peine moindres, subovales, peu saillantes, rapprochées ou subcontiguës. Les *postérieures* assez grandes, subcontiguës en dedans, en cône transverse ; à *lame inférieure* nulle ou enfouie.

Pieds courts, peu robustes. *Trochanters antérieurs* et *intermédiaires* petits, subcunéiformes ; les *postérieurs* grands, allongés, atteignant environ le tiers de la longueur des cuisses. *Celles-ci* subcomprimées, subélargies avant leur milieu. *Tibias* assez grêles, sublinéaires, subrétrécis vers leur base, obliquement tronqués au sommet, munis au bout de leur tranche inférieure de 2 très petits éperons obsolètes, dont l'interne un peu plus distinct ; tous hispido-sétosellés sur leur tranche externe, à peine sétuleux sur l'interne. *Tarses* courts, de 5 articles : les 4 premiers courts, subégaux : le dernier en massue, subégal aux autres réunis. *Ongles* petits, subarqués, rapprochés, paraissant parfois subaccolés.

Obs. Ce genre curieux vit dans les détritus humides et les vieux fagots. Il serait lucifuge et sortirait rarement de sa retraite.

Il est bien tranché par les carènes ou côtes longitudinales qui ornent la tête, le prothorax et les élytres.

On n'en connaît qu'une seule espèce.

1. **Pseudopsis sulcata**, Newman.

Oblongue, subelliptique, déprimée, à peine pubescente, d'un roux de poix mat, avec la tête noire, le sommet de l'abdomen, la bouche, le antennes et les pieds d'un roux plus clair. Tête moins large que le prothorax, ruguleuse, tricarénée, à carène médiane trifourchue en arrière. Prothorax transverse, un peu moins large que les élytres, subrétréci en avant, arqué sur les côtés, ruguleux, 4-caréné. Élytres transverses, à peine plus longues que le prothorax, ruguleuses, 4-carénées. Abdomen atténué en arrière, subruguleux, sétosellé sur les côtés.

Pseudopsis sulcata, Newman, Ent. Mag. 1834, II, 314. — Erichson, Gen. et Spec. Staph. 914. — Fairmaire et Laboulbène, Faun. Ent. Fr. I, 656, 1. — Jacquelin Duval, Gen. Staph. pl. 28, fig. 138.
Pseudopsis sulcatus, Fauvel, Faun. Gallo-Rhén. III, 23, 1.

Long., $0^m,0033$ (1 1/2 l.); — larg., $0^m,0010$ (1/2 l.).

Corps oblong, rétréci aux deux bouts, déprimé, d'un roux de poix, avec l'extrémité et les tranches latérales de l'abdomen plus claires ; revêtu d'une pubescence blonde, très courte et à peine distincte.

Tête moins large que le prothorax, subdéprimée ; parée en avant et sur les côtés de quelques rares soies grossières ; ruguleuse ; surmontée de 3 carènes longitudinales, dont les extérieures subarquées, la médiane droite, moins accusée, réduite en arrière à 3 courtes carinules ; d'un noir mat ou peu brillant. *Épistome, labre* et autres *parties de la bouche* roux.

Yeux subarrondis, obscurs.

Antennes un peu plus longues que la tête, subépaissies, très finement duveteuses et à peine pilosellées ; d'un roux ferrugineux ; à 1er article épaissi en massue suboblongue et subcomprimée : le 2e subépaissi, subglobuleux : le 3e plus étroit, suboblong, obconique : les 4e et 5e moniliformes : les suivants graduellement plus épais, transverses : le pénultième moins court : le dernier courtement ovalaire, obtusément acuminé au sommet.

Prothorax transverse, sensiblement plus large que long ; un peu moins large que les élytres ; tronqué au sommet avec les angles antérieurs légèrement saillants, subobtus ; subrétréci en avant ; sensiblement arqué sur les côtés ; subarrondi à la base, à angles postérieurs obtus mais sentis ; déprimé et surmonté sur le dos de 4 côtes ou carènes longitudinales, bien accusées, subparallèles, également espacées et à intervalles ruguleux, dont le médian est parcouru par une très fine carinule subobsolète ; ruguleux et subexcavé de chaque côté, avec la marge latérale en forme de tranche ; d'un roux de poix mat ou peu brillant, avec le disque parfois plus foncé. *Repli* subruguleux, roux, plus lisse et plus obscur en arrière dans sa partie dilatée.

Écusson chagriné ou subruguleux, obscur, finement carinulé sur sa ligne médiane.

Élytres transverses, à peine plus longues que le prothorax, à peine plus larges en arrière qu'en avant ; déprimées ; surmontées chacune de 4 côtes ou carènes longitudinales, à intervalles ruguleux : les 2 intérieures sensiblement, la marginale à peine incourbées en dedans vers leur extrémité : la plus extérieure située sur le repli, séparée de la marginale par un intervalle moins large et moins rugueux ; d'un roux de poix mat et peu brillant, avec le repli plus clair. *Épaules* arrondies.

Abdomen suballongé, moins large à sa base que les élytres, subarqué sur les côtés et assez fortement atténué en arrière ; déprimé sur le dos ; paré sur les tranches latérales de quelques soies grossières et sur le sommet de quelques autres plus longues et plus fines ; marqué sur les 5 premiers segments d'une impression en forme de larges chevrons graduellement moins évasés et à ouverture en arrière ; subruguleux ; d'un roux de poix presque mat, avec l'extrémité largement d'un roux testacé, ainsi que les tranches latérales moins leurs intersections. Le 5e *segment* subtronqué à son bord apical : le 6e étroit, saillant, subarrondi et brièvement cilié au bout : le 7e distinct, échancré au sommet.

Dessous du corps d'un roux de poix plus ou moins brillant et plus ou moins obscur, avec l'extrémité et les côtés du ventre largement plus clairs. *Tempes* ruguleuses. *Prosternum* transversalement rugueux. *Mésosternum* presque mat, très finement ridé-chagriné en travers à sa base, avec les rides arquées et concentriques. *Métasternum* subconvexe, presque noir, roussâtre en arrière, presque lisse ou avec quelques points obsolètes de chaque côté le long du bord antérieur. *Ventre* convexe, légèrement pubescent, éparsement sétosellé vers son extrémité subrugueusement et assez densement ponctué, plus lisse vers son sommet.

Pieds légèrement pubescents, à peine pointillés, d'un roux ferrugineux, avec les tarses plus pâles. *Tibias* hispido-sétosellés sur leur tranche externe.

Patrie. Ce rare insecte se prend, en mai et juin, dans l'Anjou et la Touraine, sous les détritus humides et les vieux fagots.

Obs. Les cuisses postérieures sont parfois un peu rembrunies dans leur milieu ou à leur base.

HUITIÈME FAMILLE

TRIGONURIENS

Caractères. *Corps* oblong, scaphidiforme. *Tête* assez petite, assez saillante, portée sur un col épais, très distinct. *Front* assez fortement prolongé au devant de l'insertion des antennes. *Vertex* sans ocelle. *Tempes* subcontiguës en dessous. *Palpes maxillaires* de 4 articles, les *labiaux* subfiliformes, de 3. *Antennes* de 11 articles; écartées à leur base ; insérées sous une saillie des bords latéraux du front, en avant du niveau antérieur des yeux, en dehors de la base externe des mandibules ; à 1er article normal. *Prothorax* subcarré, rebordé sur les côtés. *Élytres* rebordées en gouttière latéralement, prolongées bien au delà du sommet des hanches postérieures, laissant à découvert, au plus, les 4 derniers segments de l'abdomen, sans compter celui de l'armure. *Abdomen* rebordé sur les côtés, ne se relevant pas en l'air; le segment de l'armure distinct. *Prosternum* fortement développé au devant des hanches antérieures. *Mésosternum* médiocre. *Métasternum* subsinué pour l'insertion des hanches postérieures. *Hanches antérieures* petites, coniques, légèrement saillantes, bien plus courtes que les cuisses ; les *intermédiaires* légèrement écartées ; les *postérieures* à *lame supérieure* transverse, à *lame inférieure* déclive et très étroite. *Trochanters postérieurs* assez petits, atteignant à peine le cinquième de la longueur des cuisses. *Tibias* mutiques. *Tarses* de 5 articles.

Obs. L'insecte, sur lequel est basée cette famille, est remarquable par sa forme particulière et la longueur des élytres. Les opinions ont varié au sujet de la place qu'il doit occuper. Quant à nous, nous avons cru devoir créer, en sa faveur, une famille à part, ne renfermant qu'une seule coupe générique.

Genre *Trigonurus*, Trigonure; Mulsant.

Mulsant, Ann. Soc. Agr. Lyon, 1847, X, 515; pl. VII. fig. 2. — Jacquelin Duval, Gen. Staph 61, pl. 23, fig. 113.

Étymologie : τρίγωνος, triangulaire ; οὐρά, queue.

Caractères. *Corps* oblong, subdéprimé, scaphidiforme, ailé.

Tête assez petite, assez saillante, subatténuée en avant, un peu resserrée en arrière, portée sur un col épais et bien distinct. *Tempes* mousses latéralement, submamelonnées et subcontiguës en dessous ou séparées par un simple sillon. *Épistome* grand, triangulaire, mousse au bout, séparé du front par une très fine suture transversale. *Labre* transverse, subéchancré au sommet. *Mandibules* peu saillantes, robustes, très aiguës, coudées en dehors, inermes en dedans. *Palpes maxillaires* assez allongés, à 1er article petit : le 2e en massue suballongée et subarquée : le 3e plus court, obconique : le dernier 2 fois aussi long que le précédent, fusiforme. *Palpes labiaux* petits, de 3 articles : le 1er épais : le 2e un peu moindre : le dernier plus long, subovalaire, tronqué au bout. *Menton* assez grand, transverse. *Pièce prébasilaire* très-grande, angulée en arrière.

Yeux assez grands, assez saillants, subarrondis, à facettes obsolètes ; séparés du cou par un intervalle léger.

Antennes longues, assez grêles, subfiliformes ou à peine épaissies, presque droites, à 1er article subépaissi : le 2e oblong : le 3e suballongé : les suivants graduellement un peu moins longs : le dernier ovalaire.

Prothorax subcarré, un peu rétréci en avant, moins large que les élytres ; subéchancré au sommet, à peine à la base ; rebordé sur celle-ci et sur les côtés. *Repli* très grand, visible vu de côté, brusquement et fortement dilaté en arrière.

Écusson assez grand, subogival.

Élytres grandes, oblongues, dépassant notablement la poitrine, subarrondies au sommet, plus obliquement coupées vers leur angle postéro-externe ; à peine arquées sur les côtés ; rebordées en gouttière sur ceux-ci ; à peine visiblement rebordées sur la suture. *Repli* large, fortement infléchi, obliquement rétréci en onglet vers son extrémité, à rebord inférieur doublé. *Epaules* assez saillantes.

Prosternum fortement développé au devant des hanches antérieures, offrant entre celles-ci une longue pointe aciculée. *Mésosternum* médiocre, prolongé en une pointe mousse ou subtronquée au bout, jusqu'aux deux tiers environ des hanches intermédiaires. *Médiépisternums* très grands, soudés au mésosternum. *Médiépimères* médiocres, postérieurement rétrécies en onglet effilé et longitudinal. *Métasternum* assez grand, subsinué pour l'insertion des hanches postérieures ; presque mousse entre celles-ci; avancé entre les intermédiaires en angle tronqué, jusqu'à la rencontre de la lame mésosternale. *Postépisternums* en languette étroite, divergeant fortement en arrière du repli des élytres. *Postépimères* grandes, triangulaires (1).

Abdomen court, conique, largement rebordé sur les côtés, ne se relevant point en l'air ; à 2 premiers segments normaux cachés : les 3 suivants subégaux : le 6e plus ou moins saillant, rétractile : celui de l'armure un peu apparent. *Ventre* à 1er arceau assez grand, avancé en angle aigu entre les hanches postérieures : les 3 suivants graduellement un peu plus courts : le 5e un peu plus grand que le précédent : le 6e plus ou moins saillant, rétractile : le 7e un peu apparent.

Hanches antérieures petites, bien plus courtes que les cuisses, légèrement saillantes, coniques, contiguës à leur base. Les *intermédiaires* petites, subovales, peu saillantes, légèrement mais visiblement écartées. Les *postérieures* assez grandes, rapprochées en dedans ; à *lame supérieure* transverse, très étroite en dehors, mais brusquement dilatée en cône intérieurement; à *lame inférieure* déclive et très étroite.

Pieds assez longs, peu robustes. *Trochanters antérieurs* et *intermédiaires* petits, en onglet ; les *postérieurs* à peine plus grands, atteignant à peine le cinquième de la longueur des cuisses. *Celles-ci* peu comprimées, subélargies après leur milieu. *Tibias* sublinéaires, subrétrécis vers leur base, légèrement pubescents, mutiques, armés au bout de leur tranche inférieure de 2 petits éperons. *Tarses* assez allongés, de 5 articles : les 4 premiers graduellement plus courts : le dernier un peu ou à peine moins long que les précédents réunis. *Ongles* petits, peu grêles, subarqués.

(1) Ce caractère des postépimères qui sont grandes, distingue ce genre des *Olisthaerus* et *Phloeocharis*.

Obs. Le *Trigonure* est assez agile. Il vit dans l'intérieur des sapins cariés. Il simule un *Scaphium,* ou bien encore un *Argutor*, ou un petit *Calathus.*

Une seule espèce française répond à ce genre, qui en compte 3 autres étrangères.

1. **Trigonurus Mellyi**, Mulsant.

Oblong, subelliptique, subdéprimé, presque glabre, d'un noir brillant, avec la bouche, les antennes, les pieds et la marge apicale des segments abdominaux rougeâtres. Tête bien moins large que le prothorax, finement et subéparsement ponctuée. Prothorax subcarré, subrétréci en avant, un peu moins large que les élytres, largement sillonné sur le dos, largement impressionné de chaque côté à sa base, assez finement ponctué, plus fortement et plus densement en arrière dans les impressions. Élytres oblongues, environ 2 fois aussi longues que le prothorax, assez fortement striées-ponctuées. Abdomen conique, lisse.

Trigonurus Mellyi, Mulsant, Ann. Soc. Agr. Lyon, 1847, X, 515, pl. VII, fig. 2. — Fairmaire et Laboulbène, Faun. Ent. Fr. I, 621, 1. — Jacquelin Duval, Gen. Staph. pl. 23, fig. 113. — Fauvel, Faun. Gallo-Rhén. III, 17, 1.

Long., 0m,006 (1 3/4 l.); — larg. 0m,002 (1 l.).

Corps oblong, subelliptique ou naviculaire, subdéprimé ou peu convexe, d'un noir brillant, presque glabre.

Tête petite, bien moins large que le prothorax, subconvexe sur le vertex, déprimée et déclive en avant, finement et éparsement ponctuée, un peu plus densement et plus distinctement sur les côtés; d'un noir brillant. *Parties de la bouche* rougeâtres.

Yeux assez grands, subarrondis, noirs, brillants.

Antennes presque aussi longues que la moitié du corps, assez grêles, subfiliformes ou à peine épaissies ; finement duveteuses et distinctement pilosellées, à pilosité semi-couchée ; rougeâtres ; à 1er article oblong, subépaissi en massue subcylindrique : le 2e oblong, plus grêle, subobconique : le 3e suballongé, bien plus long que le 2e, subobconique : les suivants subobconiques, tous plus longs que larges, graduellement moins longs : le dernier ovalaire, obtusément acuminé.

Prothorax subcarré, un peu rétréci en avant, un peu moins large que les élytres ; subéchancré au sommet avec les angles antérieurs obtus et arrondis ; à peine subéchancré à la base, à angles postérieurs droits ou presque subaigus ; subdéprimé, inégal ; creusé sur le dos d'un large sillon longitudinal, atténué et affaibli en avant, et, de chaque côté, à la base, d'une large impression plus profonde ; marqué en outre antérieurement de 3 fossettes obsolètes, écartées et disposées en triangle transverse ; assez finement et éparsement ponctué, plus fortement et plus densement en arrière, surtout dans le fond du sillon et des impressions ; entièrement d'un noir brillant. *Repli* lisse, d'un noir luisant.

Écusson presque lisse, noir.

Élytres oblongues, environ 2 fois aussi longues que le prothorax ; subdéprimées vers sa base, faiblement convexes en arrière ; creusées chacune de 9 stries assez fortes et grossièrement ponctuées, en comptant celle de la gouttière latérale, avec un repli longitudinal, épais et lisse, vers les angles postéro-externes ; entièrement d'un noir brillant. *Épaules* étroitement arrondies.

Abdomen court, conique, d'un noir brillant, avec les 6e et 7e segments entièrement et la marge apicale des précédents étroitement roussâtres. Le 6e subtronqué à son bord postérieur, à peine sinué dans le milieu de celui-ci. Le 7e petit.

Dessous du corps grossièrement et assez densement ponctué, d'un noir brillant, avec le sommet du ventre largement roussâtre. *Pièce prébasilaire* finement chagrinée, éparsement et obsolètement ponctuée, un peu roussâtre antérieurement. *Prosternum* longitudinalement striolé-ridé en avant. *Mésosternum* à ponctuation très grossière. *Métasternum* convexe, subdéprimé et moins fortement ponctué sur le milieu du disque. *Ventre* convexe, plus obsolètement ponctué ou presque lisse sur sa région médiane, à 4 premiers arceaux finement rebordés à leur marge apicale et subimpressionnés sur les côtés : le 5e largement échancré au sommet, le 6e subtronqué.

Pieds à peine ponctués, rougeâtres. *Tibias* finement et brièvement pubescents, surtout sur leur tranche inférieure et vers l'extrémité de la supérieure. *Tarses* pilosellés, plus densement pubescents en dessous ; les *postérieurs* plus allongés.

Patrie. Cette espèce se trouve à la Grande-Chartreuse et en Savoie, en juillet et août, dans l'intérieur des troncs cariés de sapin. Elle est très rare. M. l'abbé Clair, chasseur intrépide et ingénieux, l'a capturée dans les montagnes de Saint-Martin de Lantosque (Alpes-Maritimes), sous les écorces des vieux sapins. Il nous en a donné deux exemplaires provenant de cette dernière localité (1).

(1) Une espèce, de Batoum en Asie, a été décrite par M. Reiche, sous le nom d'*asiaticus* (Ann. Soc. Ent. Fr. 1865, 642).

NEUVIÈME FAMILLE

PROTÉINIENS

Caractères. *Corps* court ou assez court, ovale ou suboblong. *Tête* petite, assez saillante, comme portée sur un col très court. *Front* sensiblement prolongé au devant de l'insertion des antennes. *Vertex* sans ocelle. *Tempes* séparées en dessous par un intervalle médiocre ou assez grand. *Palpes maxillaires* de 4 articles, les *labiaux* de 3. *Antennes* de 11 articles; écartées à leur base; insérées sous une saillie des bords latéraux du front, en avant du niveau antérieur des yeux, en dehors de la base externe des mandibules; à 1er article normal. *Prothorax* transverse, rebordé ou tranchant sur les côtés. *Élytres* rebordées sur les côtés, recouvrant une partie de l'abdomen, laissant à découvert les 3 à 5 derniers segments, sans compter celui de l'armure. *Abdomen* rebordé sur les côtés, ne se relevant pas en l'air; le segment de l'armure peu distinct en dessus. *Prosternum* peu développé au devant des hanches antérieures. *Mésosternum* médiocre. *Métasternum* à peine ou légèrement sinué pour l'insertion des hanches postérieures. *Hanches antérieures* grandes, sublinéaires, non saillantes, un peu moins longues que les cuisses, transversalement et subobliquement couchées; les *intermédiaires* faiblement écartées; les *postérieures* transverses. *Trochanters postérieurs* grands, atteignant presque le tiers des cuisses. *Tibias* mutiques. *Tarses* de 5 articles.

Obs. Cette famille, distincte par le peu de développement du prosternum, la structure des hanches antérieures et les trochanters postérieurs, ne renferme que 2 coupes génériques, dont voici les caractères principaux :

Prothorax
- non canaliculé sur sa ligne médiane, entier et non explané sur les côtés, à *angles postérieurs* simples. *Mésosternum* non carinulé. *Antennes* à massue graduée de 3 articles. . . . . PROTEINUS.
- canaliculé sur sa ligne médiane, explané et souvent sinueux ou angulé sur les côtés, à *angles postérieurs* échancrés ou sinués. *Mésosternum* carinulé. *Antennes* à massue peu sensible, à dernier article seul plus grand. . . . . MEGARTHRUS.

Genre *Proteinus*, PROTINE ; Latreille.

LATREILLE, Précis Car. gén. Ins. p. 9. — JACQUELIN DUVAL, Gen. 78, pl. 27, fig. 135.
ÉTYMOLOGIE : πρὸ, en avant ; τείνω, j'étends.

CARACTÈRES. *Corps* court, ovale, assez large, subconvexe, ailé.

Tête petite, assez saillante, subtriangulaire, resserrée en arrière, à co très court ou peu distinct. *Tempes* mamelonnées et séparées en dessou par un intervalle large et plus ou moins étranglé dans son milieu. *Épistome* soudé au front, subarrondi en avant. *Labre* transverse, subsinué e membraneux à son bord antérieur. *Mandibules* petites, peu saillantes arquées, mutiques. *Palpes maxillaires* assez courts, à 1er article trè petit : le 2e grand, épais, obconique : le 3e court : le dernier, bien plu long, grêle, à peine atténué vers son sommet. *Palpes labiaux* courts, d 3 articles : le 1er subcylindrique : le 2e court : le dernier plus étroit e plus long que le précédent. *Menton* grand, transverse, plus étroit e tronqué en avant.

Yeux grands, saillants, semiglobuleux, touchant ou touchant presqu au prothorax.

Antennes courtes, assez robustes, presque droites, à 2 premiers article plus grands et épaissis : les suivants petits : les 3 derniers formant un massue graduée et sensible : le dernier grand, brièvement ovalaire.

Prothorax court transverse, subrétréci en avant, un peu moins larg que les élytres ; subéchancré au sommet, subsinué à la base ; non ou à peine rebordé sur celle-ci, très finement sur les côtés. *Repli* granc visible vu de côté, émettant derrière les hanches antérieures un granc lobe allongé, triangulaire, dont il est séparé par une suture.

Écusson petit, semi-circulaire ou subogival.

Élytres grandes, oblongues, dépassant notablement la poitrine, sub tronquées au sommet, arrondies à leur angle postéro-externe ; à peine arquées sur les côtés ; distinctement rebordées sur ceux-ci, à peine ou obsolètement vers le sommet de la suture. *Repli* large, fortement infléchi. *Epaules* peu saillantes.

Prosternum peu développé au devant des hanches antérieures, formant entre celles-ci un angle très ouvert, à sommet mucroné. *Mésosternum* médiocre, émettant en arrière une pointe très aiguë, parfois aciculée, prolongée presque jusqu'au sommet des hanches intermédiaires. *Médiépisternums* très grands, séparés du mésosternum par une saillie ou différence de plan. *Médiépimères* petites, subcunéiformes. *Métasternum* court, large, à peine sinué pour l'insertion des hanches postérieures ; obtusément angulé entre celles-ci ; arqué ou à peine angulé entre les intermédiaires. *Postépisternums* en languette étroite. *Postépimères* petites, cunéiformes.

Abdomen court, large, acuminé, largement relevé en tranches sur les côtés, s'incourbant en dessous ; à 2 premiers segments normaux cachés ou accidentellement découverts : les 4 premiers subégaux : le 5e non ou à peine plus grand : le 6e saillant, triangulaire : celui de l'armure peu distinct, rarement saillant. *Ventre* à 4 premiers arceaux subégaux : le 5e non ou à peine plus grand : le 6e saillant, ogival : le 7e peu saillant.

Hanches antérieures grandes, un peu moins longues que les cuisses, non saillantes, sublinéaires, transversalement et subobliquement couchées, contiguës intérieurement. Les *intermédiaires* moindres, subovales, peu saillantes, plus ou moins faiblement écartées. Les *postérieures* grandes, subcontiguës en dedans ; à *lame supérieure* transverse, dilatée intérieurement en cône court, tronqué et subéchancré ; à *lame inférieure* étroite, subverticale ou enfouie.

Pieds assez courts, peu robustes. *Trochanters antérieurs* et *intermédiaires* petits, en onglet ; les *postérieurs* grands, allongés, atteignant presque le tiers de la longueur des cuisses. *Celles-ci* subcomprimées, subélargies dans leur milieu. *Tibias* grêles, sublinéaires, subrétrécis vers leur base, légèrement pubescents, mutiques, armés au bout de leur tranche inférieure de 2 très petits éperons peu distincts ; les *intermédiaires* et surtout *postérieurs* subarqués à leur base. *Tarses* courts, à 4 premiers articles graduellement plus courts, avec le 1er néanmoins plus épais et visiblement plus long que le 2e, surtout dans les intermédiaires et postérieurs : ceux-ci plus allongés : le dernier bien plus court que les précédents réunis. *Ongles* très petits, grêles, arqués.

Obs. Les *Protines*, peu agiles, fréquentent les champignons et les détritus en décomposition. Ils se remarquent par la longueur de leurs élytres qui leur donne l'aspect de certains *Cercus* de la famille des *Nitidulides*.

Nous en connaissons 5 espèces, dont suit le tableau :

a. *Pointe mésosternale* canaliculée. *Ponctuation des élytres* assez prononcée. *Les 2 premiers articles des tarses antérieurs* ♂ subdilatés.

b. *Antennes* noires, à 1er *article* à peine moins foncé. *Tibias intermédiaires* ♂ subarqués, brièvement ciliés-sétuleux en dessous. *Taille* médiocre. . . . . 1. BREVICOLLIS.

bb. *Antennes* noirâtres, à 1er *article* testacé. *Tibias intermédiaires* ♂ simples. *Taille* un peu moindre. . . . . 2. BRACHYPTERUS.

aa. *Pointe mésosternale* relevée en carène mousse. *Ponctuation des élytres* plus légère, souvent plus serrée.

c. *Antennes* à base obscure ou brunâtre. *Prothorax* à peine chagriné, brillant. *Tibias intermédiaires* ♂ arqués à leur base, crénulés-pileux en dessous. *Les 2 premiers articles des tarses antérieurs* ♂ subdilatés. *Taille* petite. . . . . . . 3. LIMBATUS.

cc. *Antennes* d'un roux testacé, au moins à leur base. *Prothorax* très finement chagriné, peu brillant. *Tibias intermédiaires* ♂ non crénulés en dessous.

d. *Antennes* noirâtres, à 2 premiers articles d'un roux testacé. *Tibias intermédiaires* ♂ subarqués, les *postérieurs* flexueux, ciliés-sétuleux en dessous. *Les 2 premiers articles des tarses antérieurs* ♂ subdilatés. *Taille* petite. . . . 4. MACROPTERUS.

dd. *Antennes* testacées, à massue rembrunie. *Tibias intermédiaires* et *postérieurs* ♂ simples. *Les 2 premiers articles des tarses antérieurs* ♂ à peine dilatés. *Taille* très petite. 5. ATOMARIUS.

1. Proteinus brevicollis. Erichson.

Ovale-suboblong, subconvexe, légèrement pubescent, d'un noir assez brillant, avec le 1er article des antennes brunâtre et les pieds testacés. Tête moins large que le prothorax, très finement chagrinée, obliquement subimpressionnée de chaque côté. Prothorax très court, subrétréci en avant, un peu moins large que les élytres, subdéprimé vers ses angles postérieurs, très finement chagriné, un peu brillant. Elytres 2 fois aussi longues que le prothorax, finement et densement ponctuées, souvent roussâtres aux épaules. Abdomen court, acuminé, légèrement pointillé. Pointe mésosternale canaliculée.

♂ Le 6e *arceau ventral* étroitement échancré au sommet, le 7e distinct. *Tibias intermédiaires* subarqués, brièvement ciliés-sétuleux, dans la dernière moitié, au moins, de leur tranche inférieure. *Tarses antérieurs* à premiers articles graduellement subdilatés (1).

♀ Le 6e *arceau ventral* en cône mousse, le 7e peu distinct. *Tibias intermédiaires* simples. *Tarses antérieurs* simples.

Proteinus brevicollis, ERICHSON, Gen. et Spec. Staph. 903, 2.— FAIRMAIRE et LABOULBÈNE, Faun. Ent. Fr. I, 653, 2. — KRAATZ, Ins. Deut. II, 1024, 1. — PANDELLÉ, Mat. Cat. Gren. 1867, II, 168.
Protinus ovalis, FAUVEL, Faun. Gallo-Rhén. III, 30, 2.

Long., 0m,0022 (1 l.); — larg., 0m,0011 (1/2 l.).

Corps ovale-suboblong, subconvexe, d'un noir brillant, avec la tête et le prothorax plus mats ; revêtu d'une très fine pubescence grisâtre et peu serrée.

Tête moins large que le prothorax, peu convexe, obliquement subimpressionnée de chaque côté entre les yeux ; très légèrement pubescente ; très finement et densement chagrinée; d'un noir un peu brillant. *Palpes* couleur de poix, avec les *parties inférieures de la bouche* plus claires.

Yeux grands, subarrondis, noirs.

Antennes de la longueur de la tête et du prothorax réunis, assez sensiblement épaissies, très finement duveteuses et distinctement pilosellées; d'un noir de poix avec le 1er article à peine moins foncé, rarement roussâtre ; celui-ci épaissi en massue oblongue : le 2e à peine moins épais, subovalaire : le 3e plus grêle, suboblong : les suivants petits, submoniliformes, avec le 8e un peu plus large, transverse, et les 3 derniers plus grands, non contigus, et formant une massue graduée, sensible et oblongue : les 9e et 10e fortement transverses : le dernier grand, très courtement ovalaire, presque mousse au bout.

Prothorax très court, plus de 2 fois aussi large que long, subrétréci en avant, un peu moins large à sa base que les élytres; à peine échancré au sommet avec les angles antérieurs arrondis; sensiblement arqué en avant sur les côtés qui sont subrectilignes et subparallèles en arrière, avec les angles postérieurs droits ou subaigus; subbisinué à sa base; peu convexe, avec l'ouverture des angles postérieurs plus ou moins subdépri-

(1) Surtout les 2 premiers.

mée ; éparsement pubescent ; très-finement et densement chagriné ; d'un noir un peu brillant. *Repli* presque lisse, d'un noir de poix brillant.

Écusson presque lisse, d'un noir brillant.

Élytres grandes, plus de 2 fois aussi longues que le prothorax, graduellement subélargies en arrière ; assez convexes, subdéprimées sur la région suturale ; très finement et éparsement pubescentes ; finement et densement ponctuées, à ponctuation subécailleuse ; d'un noir brillant, avec les épaules souvent plus claires ou roussâtres. *Celles-ci* subarrondies.

Abdomen court, large, acuminé, offrant les 4 derniers et parfois les 5 derniers segments découverts ; assez convexe ; à peine pubescent ; légèrement pointillé ; d'un noir assez brillant. *Le* 6e *segment* triangulaire ou conique.

Dessous du corps légèrement pubescent, d'un noir brillant. *Pointe mésosternale* sillonnée-canaliculée. *Metasternum* subconvexe, finement pointillé, subdéprimé et plus lisse sur son milieu. *Ventre* assez convexe, obsolètement chagriné, finement et éparsement pointillé surtout sur les côtés ; à 7e arceau parfois apparent, d'un roux de poix.

Pieds à peine pointillés, légèrement pubescents, testacés, avec les hanches, surtout les antérieures, plus foncées. *Tibias intermédiaires* sensiblement, *les postérieurs* plus faiblement arqués à leur base.

PATRIE. Cette espèce se trouve, toute l'année, dans presque toute la France, parmi les détritus, dans les champignons, sous les cadavres, etc. Elle est peu commune aux environs de Lyon.

OBS. Elle est la plus grande, la plus noire et la plus brillante du genre. Le 1er article des antennes est le plus souvent rembruni. La ponctuation des élytres est un peu moins légère, à peine moins serrée, etc.

Chez les immatures, la base du prothorax et les élytres sont d'un roux de poix plus ou moins obscur.

La larve du *Pr. brevicollis* a été décrite par MM. Chapuis et Candèze (Mém. Soc. Liège, 1853, VIII, 402).

Quelques auteurs rapportent à cette espèce les *ovalis* et *subsulcatus* de Stephens (Ill. Brit. V, 335 et 336).

2. Proteinus brachypterus, Fabricius.

Ovale, légèrement convexe, très-finement pubescent, d'un noir assez brillant, avec le 1er article des antennes et les pieds testacés. Tête bien moins large que le prothorax, finement chagrinée, peu brillante, obliquement subimpressionnée de chaque côté. Prothorax très court, subrétréci en avant, moins large que les élytres, à peine subdéprimé vers ses angles postérieurs, très finement chagriné, peu brillant. Élytres plus de 2 fois aussi longues que le prothorax, finement et densement ponctuées. Abdomen court, acuminé, très-finement pointillé. Pointe mésosternale canaliculée.

♂ Le 6e *arceau ventral* étroitement subéchancré au sommet, le 7e distinct. *Tibias intermédiaires* simples ou à peine flexueux. *Tarses antérieurs* à 2 premiers articles subdilatés.

♀ Le 6e *arceau ventral* conique, entier, le 7e caché. *Tarses antérieurs* simples.

Dermestes brachypterus, Fabricius, Ent. Syst. I, I, 235, 46 ; — Syst. El. I. 320, 45. — Paykull, Faun. Suec. I, 288, 14.
Cateretes brachypterus. Herbst, Col. V, 13, 2, pl. 45, fig. 2.— Gyllenhal, Ins. Suec. I, 251, 6.
Omalium brachypterum, Gyllenhal, Ins. Suec. II, 207, 9.
Omalium ovatum, Gravenhorst, Mon. 215, 22.— Olivier, Enc. Méth. Ins. VIII, 479, 22.
Proteinus brachypterus, Latreille, Hist. Nat. Crust. et Ins. X, 46. 1. — Mannerheim, Brach. 57, 1. — Boisduval et Lacordaire, Faun. Par. I, 491, 1. — Runde, Brach. Hal. 24, 1. —Erichson, Col. March. I, 462, 1 ; — Gen. et Spec. Staph. 903, 1.— Heer, Faun. Helv. I, 170, 1. — Redtenbacher, Faun. Austr. ed. 2, 257.— Fairmaire et Laboulbène, Faun. Ent. Fr. I, 653, 1.— Kraatz, Ins. Deut. II 1024, 2. — Jacquelin Duval, Gen. Staph. pl. 27, fig. 135. — Thomson, Skand. Col. III, 217, 1. — Pandellé, Mat. Cat. Grenier, 1867, II, 169.
Protinus brachypterus, Fauvel, Faun. Gallo-Rhén. III, 31, 3.

Long. 0,0017 (3/4 l.);—larg. 0,0008 (1/3 fort).

Corps ovale, légèrement convexe, d'un noir assez brillant avec la tête et le prothorax plus mats; revêtu d'une très-fine pubescence grisâtre et peu serrée.

Tête bien moins large que le prothorax, peu convexe, obliquement subimpressionnée de chaque côté entre les yeux, légèrement pubescente, finement et densement chagrinée; d'un noir peu brillant ou presque mat. *Palpes* couleur de poix avec *les parties inférieures de la bouche* testacées.

Yeux grands, subarrondis noirs.

Antennes de la longueur de la tête et du prothorax réunis, sensiblement épaissies, très-finement duveteuses et assez fortement pilosellées, noirâtres, à 1er article testacé ou d'un roux testacé; celui-ci épaissi, en massue suboblongue : le 2e presque aussi épais, suboblong, subovalaire; le 3e plus grêle, à peine oblong, obconique : les suivants petits, submoniliformes, graduellement à peine plus courts, avec le 8e un peu plus large, visiblement transverse, et les 3 derniers plus grands, non contigus et formant une massue graduée, sensible et oblongue : les 9e et 10e fortement transverses : le dernier grand, courtement ovalaire, presque mousse au sommet.

Prothorax très court, au moins 2 fois aussi large que long, subrétréci en avant, évidemment moins large que les élytres; subéchancré au sommet, avec les angles antérieurs obtus et subarrondis; subarqué en avant sur les côtés, qui sont subrectilignes et subparallèles en arrière, avec les angles postérieurs presque droits; subbisinué à sa base; légèrement et transversalement convexe, à ouverture des angles postérieurs peu ou à peine subdéprimée; éparsement pubescent; très finement et densement chagriné; d'un noir presque mat ou peu brillant. *Repli* presque lisse, d'un noir brillant.

Écusson à peine chagriné, d'un noir assez brillant.

Élytres grandes, plus de 2 fois aussi longues que le prothorax, graduellement et subarcuément subélargies en arrière; légèrement convexes; légèrement pubescentes; finement et densement ponctuées, à ponctuation subécailleuse; d'un noir brillant. *Epaules* subarrondies.

Abdomen court, large, acuminé, offrant les 3 ou 4 derniers segments découverts; subconvexe; à peine pubescent, très finement et assez densement pointillé, d'un noir assez brillant. *Le 6e segment* triangulaire.

Dessous du corps légèrement pubescent, d'un noir brillant. *Pointe mésosternale* canaliculée. *Métasternum* peu convexe, finement pointillé, plus lisse sur son milieu. *Ventre* légèrement convexe, à peine chagriné, finement et éparsement pointillé sur les côtés; à 7e arceau parfois apparent, d'un roux de poix.

Pieds à peine pointillés, à peine pubescents, testacés ou d'un roux testacé avec les hanches à peine plus foncées. *Tibias intermédiaires* et *postérieurs* à peines arqués à leur base.

Patrie. Cette espèce est commune, presque toute l'année, dans la plus grande partie de la France. Ses habitudes sont très variées. On la rencontre jusque sur les fleurs.

Obs. Elle est distincte du *brevicollis* par sa taille un peu moindre ; par ses antennes un peu plus courtes et à massue un peu plus prononcée, à 1er article évidemment d'une couleur plus claire, d'un testacé ou d'un roux testacé tranchant avec le reste ; par ses élytres un peu plus arquées sur les côtés. La forme générale est un peu plus ramassée, etc.

Chez les immatures, le prothorax est marginé de roux à sa base, surtout aux angles postérieurs ; les élytres sont brunâtres et les antennes d'un brun roussâtre à 2e article plus obscur.

On attribue au *brachypterus* les *nigricornis* et *nitidus* de Stephens (Ill. Brit. V, 336 et 337), ainsi que l'*Omalium laevicolle* de Heer (Faun. Helv. I, 180).

3. Proteinus limbatus, Maeklin.

Ovale, assez convexe, à peine pubescent, d'un noir brillant, avec le 1er article des antennes brunâtre et les pieds testacés. Tête bien moins large que le prothorax, à peine chagrinée ou presque lisse, obliquement impressionnée de chaque côté. Prothorax court, subrétréci en avant, évidemment moins large que les élytres, à peine déprimé vers ses angles postérieurs, à peine chagriné ou presque lisse. Élytres plus de 2 fois aussi longues que le prothorax, légèrement et densement ponctuées. Abdomen court, acuminé, obsolètement pointillé. Pointe mésosternale subcarénée.

♂ *Le 6e arceau ventral* subéchancré au sommet, le 7e un peu distinct. *Tibias intermédiaires* arqués à leur base, finement crénulés-pileux en dessous dans leur dernière moitié au moins. *Tarses antérieurs* à 2 premiers articles subdilatés.

♀ *Le* 6e *arceau ventral* en cône subtronqué au sommet, le 7e à peine distinct. *Tibias intermédiaires* simples. *Tarses antérieurs* simples.

Proteinus limbatus, MAEKLIN, Bull. Moscou, 1852, II, 323.
Proteinus crenulatus, PANDELLÉ, Mat. Cat. Grenier, 1867, II, 169.
Proteinus Macklini, FAUVEL, l'Abeille, 1868. V, 494.
Protinus limbatus, FAUVEL, Faun. Gallo-Rhén. III, 30, 1.

Long. 0,0015 (2/3 l.); — larg. 0,0008 (1/3 fort).

Corps ovale, assez convexe, d'un noir brillant; revêtu d'une très fine pubescence d'un gris obscur, peu serrée et peu apparente.

Tête bien moins large que le prothorax, subconvexe, obliquement impressionnée-sillonnée de chaque côté vers les yeux ; à peine pubescente dans sa partie antérieure ; à peine chagrinée ou presque lisse; d'un noir brillant. *Parties de la bouche* brunâtres.

Yeux grands, subarrondis, noirs.

Antennes de la longueur de la tête et du prothorax réunis, sensiblement épaissies, très finement duveteuses et distinctement pilosellées; noirâtres, à 1er article à peine moins foncé ; celui-ci oblong, épaissi en massue : le 2e presque aussi épais, subovalaire : le 3e plus grêle, à peine oblong : les suivants petits, submoniliformes, avec le 8e un peu plus large, transverse, et les 3 derniers encore plus grands, non contigus, et formant une massue graduée sensible et oblongue : les 9e et 10e fortement transverses : le dernier brièvement ovalaire, obtusément acuminé.

Prothorax court (1), d'un bon tiers plus large que long, subrétréci en avant, évidemment moins large que les élytres; subéchancré au sommet avec les angles antérieurs un peu marqués; régulièrement subarqué sur les côtés; subbisinué à sa base, à angles postérieurs droits ou presque droits; assez convexe; éparsement et à peine pubescent; à peine chagriné et presque lisse, avec l'ouverture des angles postérieurs plus distinctement chagrinée, à peine ou étroitement déprimée; d'un noir brillant. *Repli* presque lisse, d'un noir luisant.

Écusson obsolètement chagriné, d'un noir brillant.

Élytres grandes, plus de 2 fois aussi longues que le prothorax, gra-

(1) M. Fauvel dit (p. 30): *corselet allongé*. Cette qualification ne doit pas s'entendre d'une manière absolue, mais relative au corselet des autres espèces.

duellement subélargies en arrière ; subconvexes ; très finement et éparsement pubescentes ; finement, légèrement et densement ponctuées, avec la ponctuation paraissant subécailleuse, vue de côté ; d'un noir brillant. *Épaules* subarrondies.

Abdomen court, large, acuminé, n'offrant que les 4 derniers segments découverts ; subconvexe ; à peine pubescent ; obsolètement pointillé ; d'un noir assez brillant. *Le* 6e segment triangulaire ou en cône large.

Dessous du corps à peine pubescent, d'un noir brillant. *Pointe mésosternale* subcarénée. *Métasternum* subconvexe, éparsement et obsolètement pointillé. *Ventre* assez convexe, obsolètement chagriné, à peine pointillé sur les côtés ; à 7e arceau parfois apparent, d'un roux de poix.

Pieds presque lisses ou à peine pointillés, à peine pubescents, testacés ou d'un roux testacé, avec la base des cuisses parfois un peu rembrunie, ainsi que les trochanters.

PATRIE. Cette espèce, peu commune, se trouve dans les champignons et parmi les détritus végétaux, du printemps à l'automne, dans la Normandie, la Champagne, le Bourbonnais, la Guienne, le Languedoc, la Provence, les Pyrénées, etc.

OBS. Elle est remarquable par son prothorax presque lisse et brillant, par les tibias intermédiaires ♂ finement crénulés en dessous. Elle diffère, en outre, des deux précédentes, par sa pointe mésosternale subcarénée, et par la ponctuation de ses élytres plus légère et à peine plus serrée. Sa taille est celle d'un petit *brachypterus*, dont elle se distingue, du reste, par la couleur obscure du 1er article des antennes, etc.

Les angles postérieurs du prothorax sont parfois d'un roux de poix ainsi que l'extrême marge basilaire.

4. **Proteinus macropterus**, GYLLENHAL

Courtement ovale, assez convexe, très finement pubescent, d'un noir assez brillant, avec les élytres d'un noir de poix, les 2 premiers articles des antennes et les pieds testacés. Tête bien moins large que le prothorax, très finement chagrinée, peu brillante, obliquement impressionnée de chaque côté. Prothorax très court, subrétréci en avant, un peu moins large que les élytres, à peine ou non subdéprimé vers ses angles postérieurs, très finement chagriné, peu brillant. Elytres 2 fois et demie aussi longues que le prothorax, très finement et densement ponctués. Abdomen court, acuminé, très finement pointillé. Pointe mésosternale subcarénée.

♂ *Le* 6e *arceau ventral* étroitement échancré au sommet, le 7e distinct. *Tibias intermédiaires* subarqués; *les postérieurs* subarqués à leur base, flexueux, finement ciliés en dessous vers leur extrémité. *Tarses antérieurs* à 2 premiers articles subdilatés.

♀ *Le* 6e *arceau ventral* conique, entier; le 7e caché. *Tibias* simples. *Tarses antérieurs* simples.

Omalium macropterum, GYLLENHAL, Ins. Suec. II, 209, 10.
Proteinus macropterus, ERICHSON, Col. March. I, 643, 2; — Gen. et Spec. Staph. 903, 3. — HEER, Faun. Helv. I, 171, 2. — REDTENBACHER, Faun. Austr. éd. 2, 257. — FAIRMAIRE et LABOULBÈNE, Faun. Ent. Fr. I, 654, 3. — KRAATZ, Ins. Deut. II, 1025, 3. — THOMSON, Skand. Col. III, 217, 2. — PANDELLÉ, Mat. Cat. Grenier, II, 1867, 169.
Protinus macropterus, FAUVEL, Faun. Gallo-Rhén. III, 31, 4.

Long. 0,0015 (2/3 l.); — larg. 0,0007 (1/3 l.).

Corps courtement ovale, assez convexe, d'un noir de poix assez brillant, avec la tête et le prothorax plus mats; revêtu d'une très fine pubescence grisâtre et peu serrée.

Tête bien moins large que le prothorax, peu convexe, obliquement impressionnée de chaque côté entre les yeux; à peine pubescente; très finement chagrinée; d'un noir peu brillant ou presque mat. *Palpes* couleur de poix, avec les *parties inférieures de la bouche* rousses.

Yeux grands, subarrondis, noirs.

Antennes de la longueur de la tête et du prothorax réunis, sensiblement épaissies, très finement duveteuses et assez fortement pilosellées; d'un noir de poix, à 1er article testacé et le 2e roux; le 1er épaissi en massue suboblongue : le 2e presque aussi épais, suboblong, subovalaire : le 3e plus grêle, subglobuleux ou à peine oblong : les suivants petits, submoniliformes, graduellement plus courts et un peu plus épais, avec les 3 derniers plus grands, non contigus et formant une massue graduée, sensible et oblongue : le dernier grand, très brièvement ovalaire, presque mousse au bout.

Prothorax très court, au moins 2 fois aussi large que long, subrétréci en avant, un peu moins large que les élytres; subéchancré au sommet avec les angles antérieurs arrondis; subarqué sur les côtés; subbisinué à la base, avec les angles postérieurs droits ou subaigus; assez convexe, à ouverture des angles postérieurs non ou à peine déprimée; légèrement pubescent; très finement chagriné; d'un noir peu brillant et souvent presque mat. *Repli* à peine chagriné, d'un brun de poix brillant.

Écusson presque lisse, d'un noir de poix assez brillant.

Élytres grandes, environ 2 fois et demie aussi longues que le prothorax; graduellement et subarcuément élargies en arrière; légèrement convexes; finement et éparsement pubescentes; finement et densement ponctuées, à ponctuation subécailleuse; d'un noir brillant. *Épaules* subarrondies.

Abdomen court ou très court, acuminé; offrant généralement les 4 derniers, rarement les 5 derniers segments, découverts; assez convexe; à peine pubescent, très finement pointillé, d'un noir assez brillant. *Le 6e segment* triangulaire.

Dessous du corps à peine pubescent, d'un noir brillant, à sommet du ventre roussâtre. *Pointe mésosternale* subcarénée. *Métasternum* peu convexe, légèrement pointillé. *Ventre* subconvexe, obsolètement chagriné, légèrement pointillé sur les côtés.

Pieds obsolètement pointillés, légèrement pubescents, testacés, à hanches à peine plus foncées. *Tibias intermédiaires* subarqués (♂) ou à peine arqués (♀) à leur base.

PATRIE. Cette espèce se prend, en été, dans les champignons et es détritus, principalement dans les forêts et les montagnes, dans la Picardie, la Normandie, l'Alsace, la Lorraine, la Bourgogne, les montagnes Lyonnaises, le mont Pilat, les Alpes, les Pyrénées, etc.

OBS. Elle diffère du *brachypterus* par sa taille généralement moindre, et par sa forme un peu plus convexe. Le 1er article des antennes est testacé et le 2e roux ou d'un roux testacé. Les angles antérieurs du prothorax sont plus arrondis et les postérieurs un peu plus aigus, avec ses côtés plus brièvement subrectilignes en arrière, de sorte qu'il paraît se rétrécir en avant plus près de la base. Les élytres sont plus légèrement et à peine plus densement ponctuées, la pointe mésosternale est subcarénée, etc.

La couleur des premiers articles des antennes et la structure des tibias intermédiaires et postérieurs la distinguent suffisamment du *limbatus*. Son prothorax est moins lisse et moins brillant, les élytres paraissent plus longues, etc.

Les angles postérieurs du prothorax, les épaules et parfois les élytres entières sont d'un roux de poix plus ou moins obscur.

Nous avons vu dans la collection Mayet un exemplaire plus grand, et dont les 6 premiers articles des antennes sont d'un roux testacé. Cette variété intéressante provient des environs de Montpellier et pourrait donner lieu à une espèce à part (*Pr. fallax*, nobis).

5. **Proteinus atomarius**, Erichson.

Courtement ovale, peu convexe, très finement pubescent, d'un noir de poix assez brillant, avec la marge du prothorax et les élytres moins foncées, le sommet de l'abdomen roussâtre, les pieds, la bouche et les antennes testacés, la massue de celles-ci rembrunie. Tête moins large que le prothorax, très finement chagrinée, peu brillante, obsolètement bifovéolée entre les yeux, obsolètement biimpressionnée en avant. Prothorax très court, subrétréci en avant, un peu moins large que les élytres, à peine ou non subdéprimé vers les angles postérieurs, très finement chagriné, peu brillant. Élytres 3 fois aussi longues que le prothorax, très finement et densement pointillées. Abdomen très court, acuminé, obsolètement pointillé. Pointe mésosternale obsolètement carénée.

♂ *Le 6e arceau ventral* étroitement subéchancré au sommet *Tarses antérieurs* à 2 premiers articles à peine dilatés.

♂ *Le 6e arceau ventral* triangulaire ou conique, entier. *Tarses antérieurs* simples.

Proteinus atomarius, Erichson, Gen. et Spec. Staph. 904, 4. — Redtenbacher, Faun. Austr. ed. 2, 237. — Fairmaire et Laboulbène, Faun. Ent. Fr. I, 654, 4. — Kraatz, Ins. Deut. II, 1025, 4. — Thomson, Skand. Col. III, 218, 3. — Pandellé, Mat. Cat. Grenier, 1867, II, 169.

Protinus clavicornis, FAUVEL, Faun. Gallo-Rhén. 31, 5.
Protinus atomarius, FAUVEL, Faun. Gallo-Rhén. Suppl. 3.

Long. 0,001 (1/2 l.); — larg. 0,0005 (1/4 l.).

Corps courtement ovale, peu convexe, d'un noir ou brun de poix assez brillant, avec la tête et le prothorax plus mats ; revêtu d'une très fine pubescence grisâtre, plus distincte sur les élytres.

Tête moins large que le prothorax, peu convexe, obsolètement bifovéolée entre les yeux, mais un peu en arrière ; obsolètement impressionnée-fovéolée de chaque côté vers la saillie antennifère ; à peine pubescente ; très finement chagrinée ; d'un noir peu brillant ou presque mat. *Parties de la bouche* d'un roux testacé.

Yeux grands, subarrondis, noirs.

Antennes de la longueur de la tête et du prothorax réunis, sensiblement épaissies ; très finement duveteuses et assez fortement pilosellées ; testacées, à massue plus ou moins rembrunie dès le 8e article ; le 1er épaissi en massue suboblongue : le 2e presque aussi épais, suboblong, subovalaire : le 3e plus grêle, à peine oblong, obconique : les suivants petits, submoniliformes, graduellement plus courts et un peu plus épais, avec les 3 derniers plus grands, peu contigus et formant une massue graduée, sensible et oblongue : le dernier grand, très brièvement ovalaire, presque mousse au bout.

Prothorax très court, au moins 2 fois aussi large que long, subrétréci en avant presque dès sa base, un peu moins large que les élytres ; subéchancré au sommet avec les angles antérieurs arrondis ; subarqué sur les côtés ; subbisinué à la base ; à angles postérieurs subaigus ; légèrement convexe, avec l'ouverture des angles postérieurs non ou à peine subdéprimée ; éparsement pubescent ; très finement chagriné ; d'un noir de poix peu brillant ou presque mat, avec les marges latérales et postérieure souvent moins foncées. *Repli* presque lisse, d'un roux testacé brillant.

Écusson presque lisse, d'un noir brillant.

Élytres très grandes, environ 3 fois aussi longues que le prothorax, graduellement et subarcuément subélargies en arrière ; légèrement convexes ; distinctement pubescentes ; très finement et densement pointillées, à ponctuation à peine écailleuse ; d'un brun de poix assez brillant. *Épaules* subarrondies.

Abdomen très court, acuminé, offrant généralement 3 ou 4 segments découverts, très rarement 5; subconvexe; à peine pubescent; obsolètement pointillé; d'un noir de poix assez brillant, à sommet roussâtre. *Le 6e segment* triangulaire ou conique.

Dessous du corps à peine pubescent, d'un noir de poix brillant, avec l'extrémité du ventre plus ou moins largement rousse ou subtestacée. *Pointe mésosternale* relevée en carène mousse. *Métasternum* legèrement convexe, obsolètement pointillé. *Ventre* moins noir, subconvexe, à peine pointillé sur les côtés.

Pieds à peine pointillés, à peine pubescescents, d'un testacé assez clair ainsi que les hanches. *Tibias intermédiaires* presque droits, *les postérieurs* parfois à peine arqués à leur base.

PATRIE. Cette espèce se rencontre, en été, dans les bolets décomposés et sous les feuilles mortes, dans les forêts, dans une grande partie de la France, même dans la région méditerranéenne. Elle est médiocrement commune.

OBS. Elle est bien distincte de toutes les précédentes par sa petite taille, par sa forme un peu moins convexe et par sa couleur moins noire. Les antennes sont testacées, avec l'extrémité seule plus obscure; les pieds sont d'un testacé plus pâle; les élytres sont plus longues et à ponctuation plus fine et un peu plus serrée; le sommet de l'abdomen est toujours roussâtre en dessus, etc.

La taille et la couleur varient beaucoup. Quelquefois tout le corps est d'un brun rougeâtre, avec la tête, le disque du prothorax et le dos de l'abdomen rembrunis (1).

Genre *Megarthrus*, MÉGARTHRE, Stephens.

STEPHENS, Ill, Brit. V, 330. — JACQUELIN DU VAL. Gen, Staph. 79, pl. 28, fig. 136.
ÉTYMOLOGIE : μέγας, grand; ἄρθρον, article.

CARACTÈRES. *Corps* assez court, assez large, suboblong, subdéprimé, ailé.

Tête petite, assez saillante, subtriangulaire, fortement resserrée à sa base, portée sur un col très court. *Tempes* submamelonnées et séparées

(1) Le *Pr. Olivieri* de Saulcy (Bull. Ac. Hippône. 1866, xi, 51) espèce d'Afrique, parait être un peu plus oblong. Il est d'un roux de poix, avec la tête et l'abdomen rembrunis, les antennes et les pieds testacés. — Long. 0,001.

en dessous par un intervalle large, évasé en avant, étranglé après son milieu. *Épistome* soudé au front, arrondi et parfois rebordé antérieurement. *Labre* court, transverse, plus ou moins caché, muni en avant d'une membrane ciliée. *Mandibules* petites, peu saillantes, aiguës, arquées, mutiques intérieurement. *Palpes maxillaires* médiocres, à 1er article très petit : le 2e assez épais, obconique : le 3e court, moins épais : le dernier aussi long que le 2e, un peu plus étroit à sa base que le précédent, mais graduellement atténué vers le sommet. *Palpes labiaux* courts, de 3 ar-articles : le 2e un peu plus court que le 1er : le dernier plus long que le précédent, mais plus étroit. *Menton* grand, transverse, plus étroit en avant, tronqué au sommet.

Yeux assez grands, assez saillants, semi-globuleux, situés vers la base de la tête.

Antennes assez courtes, assez grêles, presque droites, à 2 premiers articles notablement plus grands et plus épais : les suivants étroits, graduellement plus courts et à peine moins étroits : le dernier grand, épaissi, brièvement ovalaire.

Prothorax transverse, assez rétréci en avant, aussi large ou presque aussi large que les élytres ; tronqué ou échancré au sommet ; subtrisinué à la base ; non rebordé sur celle-ci ; plus ou moins explané sur les côtés ; souvent sinueux ou anguleux sur ceux-ci, avec les angles postérieurs échancrés ou sinués ; creusé sur le dos d'un canal longitudinal nettement accusé. *Repli* grand, visible vu de côté, subdilaté en arrière, où il émet un lobe cunéiforme allongé, dont il est séparé par une suture.

Écusson médiocre, subogival.

Élytres assez grandes, non ou légèrement oblongues, dépassant médiocrement la poitrine, tronquées au sommet, largement arrondies à leur angle postéro-externe ; presque droites sur les côtés, rebordées en gouttière sur ceux ci ; non ou à peine rebordées sur la suture. *Repli* large, fortement infléchi.

Épaules très peu ou non saillantes.

Prosternum peu développé au devant des hanches antérieures, formant entre celles-ci un angle très ouvert à sommet mucroné. *Mésosternum* médiocre, carinulé sur sa ligne médiane, rétréci en arrière en angle très aigu, subacéré, prolongé jusqu'aux deux tiers ou trois quarts des hanches intermédiaires. *Médiépisternums* très grands, séparés du mésosternum par une suture oblique, subarquée. *Médiépimères* médiocres, en losange irrégulier. *Métasternum* assez court, large, subsinué pour l'insertion des hanches postérieures; à peine angulé entre celles-ci; avancé, entre les intermédiaires en angle prononcé, à sommet parfois émoussé. *Postépisternums* en languette étroite. *Postépimères* cachées ou très petites, cunéiformes.

Abdomen plus ou moins court, large, subacuminé à son sommet; relevé en tranche sur les côtés; s'incurvant un peu en dessous; à 1er ou 2 premiers segments normaux cachés : les 4 premiers subégaux, le 5e un peu ou à peine plus grand : le 6e très saillant, conique : celui de l'armure indistinct. *Ventre* à 5 premiers arceaux subégaux ou graduellement à peine plus courts (♀) : le 6e assez saillant : le 7e saillant, bivalve : le 1er plus ou moins caréné à sa base (1), paraissant un peu moins court sur les côtés.

Hanches antérieures grandes, un peu moins longues que les cuisses, non saillantes, sublinéaires, transversalement et subobliquement couchées, contiguës intérieurement. *Les intermédiaires* moindres, subovales, peu saillantes, faiblement écartées. *Les postérieures* grandes, subcontiguës en dedans; à *lame supérieure* transverse, dilatée intérieurement en cône court et tronqué; à *lame inférieure* étroite, subverticale ou enfouie.

Pieds assez courts, assez robustes. *Trochanters antérieurs* et *intermédiaires* petits, subcunéiformes; les *intermédiaires* grands, allongés, atteignant presque le tiers de la longueur des cuisses. *Celles-ci* subcomprimées, subépaissies. *Tibias* sublinéaires, à peine rétrécis à leur base, très finement pubescents, mutiques, armés au bout de leur tranche inférieure de 2 très petits éperons peu distincts; les *intermédiaires* et *postérieurs* subarqués à leur base. *Tarses* courts, à 4 premiers articles graduellement plus courts : le dernier moins long que les autres réunis : les *postérieurs* plus allongés. *Ongles* petits, grêles, arqués.

Obs. Les *Mégarthres* ont la démarche lente. Ils vivent sous les écorces et parmi les champignons et les détritus.

Ce genre se rapproche beaucoup des *Proteinus* par la conformation des hanches, des trochanters, des tarses et des diverses pièces sternales. Il en diffère par son prothorax canaliculé sur le dos, explané et souvent angulé sur les côtés, à angles postérieurs sinués ou échancrés; par son mésosternum carinulé; par la massue des antennes moins grande et ré-

(1) Chez les *Proteinus*, cette carène est enfouie, courte, obsolète ou réduite à un tubercule, ou même nulle.

duite au dernier article. Les différences sexuelles sont tout autres, etc.

Il ne compte qu'un petit nombre d'espèces, dont suivent les caractères :

a. *Corps* noir ou en majeure partie.
  b. *Antennes* entièrement noires, à 1er article parfois brunâtre. *Front* non ou à peine rebordé en gouttière en avant.
    c. *Côtés du prothorax* noirs ou à peine brunâtres, simplement arrondis en avant de l'échancrure des angles postérieurs. *Cuisses* rembrunies. *Écusson* subexcavé.
      d. *Angles postérieurs du prothorax* nettement échancrés en angle subobtus. *Élytres* à peine élargies en arrière, à ponctuation assez fine. *Corps* snboblong, presque mat. 1. DEPRESSUS.
      dd. *Angles postérieurs du prothorax* obtusément et obliquement échancrés. *Élytres* assez fortement élargies en arrière, à ponctuation assez forte. *Corps* court, brillant. 2. STERCORARIUS.
    cc. *Côtés du prothorax* sinueux ou angulés en avant de l'échancrure des angles postérieurs.
      e. *Côtés du prothorax* simplement sinueux, largement roux. *Ponctuation* assez fine. *Cuisses* subrembrunies. . . 3. AFFINIS.
      ee. *Côtés du prothorax* biangulés, à peine roux. *Ponctuation* assez forte. *Cuisses* non rembrunies. . . . . 4. SINUATOCOLLIS.
  bb. *Antennes* à 1er article d'un roux clair. *Front* distinctement rebordé en gouttière en avant. *Côtés du prothorax* largement roux. *Écusson* subcanaliculé. . . . . 5. DENTICOLLIS.
  bbb. *Antennes* à 2 ou 3 premiers articles roux. *Front* à peine rebordé en gouttière en avant. *Côtés du prothorax* roux seulement aux angles postérieurs. *Écusson* subcanaliculé. 6. NITIDULUS.
aa. *Corps* d'un roux ferrugineux, à tête noire. . . . . . . 7. HEMIPTERUS.

1. **Megarthrus depressus**, Paykull.

Suboblong, subdéprimé, très finement pubescent, d'un noir presque mat, avec les pieds d'un roux ferrugineux et les cuisses un peu rembrunies. Tête moins large que le prothorax, finement ruguleuse, obliquement sillonnée-impressionnée de chaque côté, à peine rebordée en avant. Prothorax court, rétréci antérieurement, presque aussi large que les élytres, simplement arqué sur les côtés, assez finement et subruguleusement ponc-

tué, finement et profondément canaliculé sur le dos, à angles postérieurs nettement échancrés en angle subobtus. Élytres 2 fois aussi longues que le prothorax, à peine élargies en arrière, assez finement et ruguleusement ponctuées. Abdomen court, très finement pointillé.

♂ *Le 5e arceau ventral* très largement échancré, avec une petite membrane subpellucide de chaque côté du fond de l'échancrure. Le 6e assez profondément et subangulairement sinué au sommet, subrugueusement ponctué sur les côtés. Le 7e (1) subrugueusement ponctué latéralement. *Cuisses*, surtout les *postérieures* subépaissies, voûtées en dessus. *Tibias intermédiaires*, et *postérieurs* subarqués ; les *postérieurs*, en outre, subéchancrés vers le milieu de leur tranche inférieure et puis finement crénelés-cristulés, avec la crénulation noire. *Tarses antérieurs* à 1er article évidemment épaissi.

♀ *Le 5e arceau ventral* très largement échancré, sans membrane. Le 6e subarrondi au sommet, obsolètement chagriné. Le 7e presque lisse. *Cuisses* normales. *Tibias intermédiaires* et *postérieurs* à peine arqués à leur base ; les *postérieurs* simples. *Tarses antérieurs* simples.

Staphylinus depressus, PAYKULL, Mon. Staph. 70, 49 — OLIVIER, Ent. III, n° 42, 36, 51, pl. III, fig. 26.
Omalium depressum, GYLLENHAL, Ins. Suec. II. 210, 11. — MANNERHEIM, Brach. 53, 16.
Phloeobium depressum, BOISDUVAL et LACORDAIRE, Faun. Ent. Par. I, 494, 4.
Omalium macropterum, GRAVENHORST, Mon. 215, 21. — OLIVIER, Enc. Méth. VIII. 479, 21.
Megarthrus depressus, ERICHSON, Col. March. I, 644, 1 ; — Gen. et Spec. Staph. 903, 1. — HEER, Faun. Helv. I, 171, 1. — REDTENBACHER, Faun. Austr. ed. 2, 258, 4. — FAIRMAIRE et LABOULBÈNE, Faun. Ent. Fr I, 654, 1. — KRAATZ, Ins. Deut. II, 1027. 1. — THOMSON, Skand. Col. III, 218, 1. — SAULCY, Ann. Soc. Ent. Fr. Rev. pl. 2, fig. 7. — FAUVEL, Faun. Gallo-Rhén. III, 26, 1.

Long. 0,0022 (1 l.); — larg. 0,0010 (1/2 l.).

Corps suboblong, subdéprimé, d'un noir presque mat ; revêtu d'une très fine pubescence grise et peu serrée.

(1) Le 7e est pour nous *celui de l'armure*, car nous ne comptons pas les 2 basilaires. Il est, dans ce genre plus développé chez le ♂, par le fait de l'échancrure du 6e.

Tête moins large que le prothorax, peu convexe; sillonnée-impressionnée de chaque côté entre les yeux, avec les sillons obliques et se rapprochant en arrière; à peine pubescente; finement ruguleuse; plus distinctement en dehors des sillons et sur le rebord antérieur qui est subépaissi mais obsolète; d'un noir presque mat. *Palpes* d'un brun de poix, parfois un peu roussâtre.

Yeux assez grands, subarrondis, noirs.

Antennes de la longueur de la tête et du prothorax réunis, à peine plus épaisses vers leur extrémité; très finement duveteuses et légèrement pilosellées; d'un noir ou brun de poix; à 1er article épaissi en massue oblongue : le 2e à peine moins épais, à peine oblong, subovalaire : les suivants graduellement un peu plus courts et à peine plus épais : le 3e étroit, oblong, obconique : le 4e à peine plus court, obconique : le 5e subglobuleux : les 6e et 7e subcarrés : les pénultièmes subtransverses : le dernier grand, épais, brièvement ovalaire, presque mousse.

Prothorax court, 2 fois aussi large que long, médiocrement rétréci en avant, presque aussi large que les élytres; largement tronqué au sommet, avec les angles antérieurs obtus; simplement arqué sur les côtés; subtrisinué à sa base, à angles postérieurs nettement échancrés en angle subobtus ou presque droit; légèrement convexe, avec la marge latérale subexplanée surtout en arrière; finement et profondément canaliculé sur sa ligne médiane; très finement pubescent; assez finement, densement et subruguleusement ponctué; d'un noir presque mat. *Repli* presque lisse, d'un noir brillant.

Écusson subruguleux, subexcavé, obscur.

Élytres subcarrées ou à peine oblongues, 2 fois aussi longues que le prothorax, graduellement et faiblement élargies en arrière : subdéprimées ou peu convexes; très finement pubescentes; assez finement, densement et ruguleusement ponctuées; d'un noir de poix peu brillant. *Épaules* à peine arrondies.

Abdomen court ou assez court, offrant généralement 4 segments découverts, très rarement 5; subconvexe; légèrement pubescent; très finement et densement pointillé; d'un noir peu brillant. Le 6e *segment* conique, très finement granulé, parfois couleur de poix, au moins à son sommet.

Dessous du corps légèrement pubescent, d'un noir de poix assez brillant avec le sommet du ventre roux. *Métasternum* peu convexe, subruguleusement pointillé sur les côtés, plus lisse sur son disque. *Carène mésosternale* très fine. *Ventre* assez convexe, densement et très finement pointillé, plus rugueusement sur les côtés.

Pieds légèrement pointillés, légèrement pubescents, d'un roux ferrugineux avec les hanches et souvent les cuisses un peu rembrunies, l'extrémité de celles-ci et les trochanters restant plus clairs.

PATRIE. Cette espèce, assez rare, se prend, toute l'année, dans les forêts et les montagnes de presque toute la France, dans les bouses, les bolets, les plaies des arbres, etc.

OBS. Chez les immatures, la base des antennes et les élytres sont d'un brun parfois rougeâtre. L'échancrure des angles postérieurs du prothorax est plus ou moins accusée.

OBS. Peut-être doit-on rapporter au *depressus* les *emarginatus* et *pusillus* de Stephens (Ill. Brit. V, 332 et 333).

2. **Megarthrus stercorarius**, PANDELLÉ.

Ovale, subdéprimé, légèrement pubescent, d'un noir brillant, avec les pieds d'un roux testacé, les hanches et les cuisses rembrunies. Tête moins large que le prothorax, subruguleuse, obliquement sillonnée-impressionnée de chaque côté, à peine rebordée en avant. Prothorax très court, rétréci antérieurement, de la largeur des élytres, simplement arqué sur les côtés, assez finement et subruguleusement ponctué, finement et profondément canaliculé sur le dos, à angles postérieurs obsolètement échancrés en arc ou angle très obtus. Élytres à peine 2 fois aussi longues que le prothorax, assez fortement élargies en arrière, assez fortement et ruguleusement ponctuées. Abdomen court, très finement pointillé.

♂ Le 5e *arceau ventral* très largement et à peine échancré. Le 6e légèrement et subangulairement sinué dans le milieu de son bord apical, avec le sinus rempli par une membrane. *Cuisses*, surtout les *postérieures*, subépaissies, un peu voûtées en dessus. *Tibias intermédiaires* et *postérieurs* subarqués à leur base : ceux-ci, vus d'un certain côté, subatténués vers leur extrémité et finement ciliés dans la dernière moitié de leur tranche inférieure surtout. *Tarses antéreurs* à 1er article à peine épaissi.

♀ Le 5e *arceau ventral* à peine échancré. Le 6e subarrondi ou subtronqué à son bord apical. *Cuisses* normales. *Tibias intermédiaires* et *postérieurs* simples. *Tarses antérieurs* simples.

Megarthrus stercorarius, PANDELLÉ, in litteris.

Long., 0[m],0022 (1 l.) ; — larg., 0[m],0014 (2/3 l.).

Corps ovale, large, subdéprimé, d'un noir brillant ; revêtu d'une très fine pubescence grisâtre, courte et très peu serrée.

Tête moins large que le prothorax, peu convexe ; sillonnée-impressionnée de chaque côté entre les yeux, avec les sillons obliques et se rapprochant en arrière ; à peine pubescente ; subruguleuse, plus distinctement en dehors des sillons et sur le rebord antérieur, qui est très obsolète ; d'un noir assez brillant. *Palpes* d'un noir ou brun de poix.

Yeux assez grands, subarrondis, obscurs.

Antennes de la longueur de la tête et du prothorax réunis, à peine plus épaisses vers leur extrémité ; très finement duveteuses et légèrement pilosellées ; noires, à 1er article brunâtre ; celui-ci épaissi en massue suboblongue : le 2e à peine moins épais, à peine oblong, subovalaire : les suivants graduellement à peine plus épais : les 3e et 4e étroits, oblongs, obconiques, subégaux : le 5e subglobuleux ou courtement ovalaire : les 6e et 7e subcarrés, les pénultièmes subtransverses : le dernier grand, plus épais, brièvement ovalaire, presque mousse.

Prothorax très court, plus de 2 fois aussi large que long, médiocrement rétréci en avant, au moins de la largeur des élytres à leur base ; largement tronqué ou à peine échancré au sommet, avec les angles antérieurs obtus ; simplement arqué sur les côtés, ou parfois à peine angulé vers le milieu de ceux-ci ; subtrisinué à sa base, à angles postérieurs obliquement et obsolètement échancrés en angle très obtus ou en arc ; peu convexe, avec la marge latérale plus ou moins fortement explanée ; finement et profondément canaliculé sur sa ligne médiane ; légèrement pubescent ; assez finement, densement et subruguleusement ponctué ; d'un noir brillant, avec les côtés parfois un peu moins foncés. *Repli* presque lisse, d'un noir luisant.

Écusson légèrement pointillé, parfois subexcavé, d'un noir assez brillant.

Élytres subcarrées, à peine 2 fois aussi longues que le prothorax, graduellement et assez fortement élargies en arrière; faiblement convexes, souvent subdéprimées sur la région suturale ; brièvement et éparsement pubescentes : assez fortement, assez densement et ruguleusement ponctuées ; d'un noir brillant. *Épaules* à peine arrondies.

Abdomen court, offrant généralement 4 segments découverts; assez convexe ; à peine pubescent; très finement et assez densement pointillé; d'un noir brillant. Le 6e *segment* conique, moins finement pointillé.

Dessous du corps éparsement pubescent, d'un noir brillant, avec le sommet du ventre d'un roux de poix. *Métasternum* subconvexe, obsolètement pointillé sur les côtés, presque lisse sur son disque. *Carène mésosternale* assez forte. *Ventre* assez convexe, finement et éparsement pointillé, plus distinctement et subruguleusement sur les côtés.

Pieds légèrement pointillés, légèrement pubescents, d'un roux testacé, avec les hanches et les cuisses rembrunies, le sommet de celles-ci et les trochanters restant plus clairs.

Patrie. Cette espèce, peu commune, se prend rarement, en été, dans les bouses, les champignons et parmi les détritus végétaux, dans les Hautes-Pyrénées, où elle a été découverte par M. Pandellé.

Obs. Elle diffère suffisamment de la précédente par sa forme plus courte et plus large et par sa teinte plus brillante. Le prothorax, un peu moins convexe, est un peu plus court et plus large ; à angles postérieurr plus obliquement et surtout plus obtusément échancrés ; à côtés moins noirs, plus largement explanés, parfois moins régulièrement arqués. Les élytres, un peu moins longues, sont plus élargies en arrière, avec leu ponctuation un peu plus forte et un peu moins serrée. La carène mésosternale est moins fine. Les signes ♂ ne sont pas les mêmes, etc.

3. **Megarthrus affinis**, Miller.

Ovale, subdéprimé, légèrement pubescent, d'un noir peu brillant, avec les côtés du prothorax largement roux, le sommet de l'abdomen d'un roux de poix, et les pieds roux à cuisses un peu rembrunies. Tête moins large que le prothorax, subruguleuse, obliquement sillonnée-subimpressionnée de chaque côté, à peine rebordée en avant. Prothorax très court, rétréci antérieurement, presque aussi large que les élytres, simplement sinueux sur les côtés, assez finement et subruguleusement ponctué, finement et assez profondément ponctué sur le dos, à angles postérieurs échancrés en arc ou angle obtus. Elytres 2 fois aussi longues que le prothorax, faiblement élargies en arrière, assez finement et rugulcusement ponctuées. Abdomen court, très finement pointillé.

♂ Le 5e *arceau ventral* largement et faiblement échancré. Le 6e assez largement sinué à son bord apical. *Cuisses postérieures* non épaissies. *Tibias intermédiaires* et *postérieurs* subarqués à leur base; ceux-ci, vus d'un certain côté, à peine échancrés en dessous après leur milieu, finement ciliés.

♀ Le 5e *arceau ventral* à peine échancré. Le 6e subarrondi à son bord apical. *Tibias intermédiaires* et *postérieurs* simples.

Megarthrus sinuatocollis, KRAATZ, Ins. Deut. II, 1029, 3.
Megarthrus affinis, MILLER, Verh. Zool. Wien. II, 28. — KRAATZ, Berl. Ent. Zeit. 1868, 350. — FAUVEL, Faun. Gallo-Rhén. III, 27, 3.
Megarthrus Bellevoyei, SAULCY, Ann. Soc. Ent. Fr. Rev. 1862, pl. 2, fig. 6.

Long., 0m,0023 (1 l.) ; — larg., 0m,0014 (2/3 l.).

Corps ovale, subdéprimé, d'un noir peu brillant; revêtu d'une fine pubescence grise, courte et peu serrée.

Tête moins large que le prothorax, peu convexe; sillonnée-subimpressionnée de chaque côté entre les yeux, avec les sillons obliques et se rapprochant en arrière; à peine rebordée en avant; à peine pubescente, subégalement subruguleuse ; d'un noir presque mat. *Palpes* d'un noir ou brun de poix (1).

Yeux assez grands, subarrondis, noirs.

Antennes de la longueur de la tête et du prothorax réunis, à peine plus épaisses vers leur extrémité ; très finement duveteuses et légèrement

(1) Chez la plupart des espèces, *les parties inférieures de la bouche* sont plus claires, plus ou moins roussâtres.

pilosellées ; entièrement noires ou noirâtres ; à 1er article épaissi en massue oblongue : le 2e à peine moins épais, suboblong, subovalaire : les suivants graduellement à peine plus épais : les 3e et 4e étroits, oblongs, obconiques, subégaux : le 5e subovalaire : les 6e et 7e subcarrés, les pénultièmes subtransverses : le dernier grand, un peu plus épais, très courtement ovalaire ou subsphérique, presque mousse.

Prothorax très court, plus de 2 fois aussi large que long, médiocrement rétréci en avant, presque de la largeur des élytres; largement tronqué ou à peine échancré au sommet, avec les angles antérieurs très obtus ; simplement sinueux sur les côtés ou à peine angulé vers le milieu de ceux-ci ; subtrisinué à sa base, à angles postérieurs légèrement échancrés en arc ou angle plus ou moins obtus ; faiblement convexe, avec la marge latérale explanée ; finement et assez profondément canaliculé sur sa ligne médiane ; éparsement pubescent ; assez finement, densement et subruguleusement ponctué ; d'un noir peu brillant, avec les côtés plus ou moins largement roux. *Repli* presque lisse, d'un roux brillant.

Écusson subruguleux, parfois subexcavé, noir.

Élytres subcarrées, 2 fois aussi longues que le prothorax, graduellement et faiblement subélargies en arrière ; légèrement convexes, souvent subdéprimées sur la région suturale, éparsement pubescentes ; assez finement, densement et ruguleusement ponctuées ; d'un noir peu brillant. *Épaules* à peine arrondies.

Abdomen court, offrant généralement 5 segments découverts ; subconvexe ; légèrement pubescent ; très finement et assez densement pointillé; d'un noir peu brillant, à sommet d'un roux de poix. Le 6e *segment* conique.

Dessous du corps légèrement pubescent, d'un noir assez brillant, avec l'extrémité du ventre d'un roux de poix subtestacé. *Métasternum* subconvexe, subruguleusement pointillé sur les côtés, presque lisse et subdéprimé sur son disque, qui est parfois très finement et obsolètement carinulé en arrière. *Ventre* assez convexe, obsolètement et subruguleusement pointillé, surtout sur les côtés.

Pieds à peine pointillés, légèrement pubescents, avec les hanches un peu rembrunies ainsi que souvent le milieu des cuisses.

PATRIE. Cette espèce est commune, toute l'année, dans presque toute la France, sous les détritus, parmi les mousses et les feuilles tombées, etc.

Obs. Elle est distincte des précédentes par son prothorax non simplement arqué, mais sinueux ou obtusément angulé sur les côtés, avec ceux-ci généralement plus explanés, à transparence rousse plus ou moins claire et plus ou moins étendue.

Elle est un peu moins brillante que le *stercorarius*. La tête, plus également ruguleuse, est un peu moins sensiblement impressionnée de chaque côté. Les élytres, moins amples, sont un peu plus longues, un peu moins élargies en arrière, etc.

Parfois le devant du front paraît un peu relevé en dos d'âne.

Quand la transparence rousse de la marge latérale du prothorax devient plus claire, elle s'étend ordinairement le long du bord postérieur en forme de bordure très étroite.

Chez les immatures, cette transparence se montre testacée, le disque du prothorax et les élytres prennent une teinte d'un brun roussâtre, ainsi que les tranches abdominales. Quelquefois même, tout le dessus du corps est d'un testacé obscur, avec la tête et le dos de l'abdomen plus foncés.

Les exemplaires de la Provence sont d'une teinte générale plus brillante, avec les marges latérales du prothorax d'un roux plus vif.

4. Megarthrus sinuatocollis, Boisduval et Lacordaire.

Ovale, faiblement convexe, éparsement pubescent, d'un noir assez brillant, avec le sommet de l'abdomen et les pieds roux. Tête moins large que le prothorax, subruguleuse, impressionnée de chaque côté, à peine rebordée en avant. Prothorax court, rétréci antérieurement, de la largeur des élytres, biangulé sur les côtés, densement et rugueusement ponctué, finement et assez profondément canaliculé sur le dos, à angles postérieurs échancrés en arc. Élytres à peine 2 fois aussi longues que le prothorax, subélargies en arrière, assez fortement et rugueusement ponctuées. Abdomen court, finement pointillé.

♀ Le 5e *et* 6e *arceaux du ventre* largement échancrés à leur bord apical. *Cuisses postérieures* subépaissies. *Tibias intermédiaires* et *postérieurs* subarqués; ceux-ci, vus d'un certain côté, largement et à peine sinués en dessous après leur milieu.

♀ *Le 5e arceau du ventre* à peine échancré. *Le 6e* subarrondi à son bord apical. *Cuisses* normales. *Tibias intermédiaires* et *postérieurs* simplement subarqués à leur base.

Phloeobium sinuatocolle, BOISDUVAL et LACORDAIRE, Faun. Ent. Par. I, 493, 3.
Megarthrus sinuatocollis, ERICHSON, Gen. et Spec. Staph. 905, 2.— HEER, Faun. Helv. I, 566, 1.— FAIRMAIRE et LABOULBÈNE, Faun. Ent. Fr. I, 655, 2.— THOMSON, Skand. Col. III, 218, 2.— SAULCY, Ann. Soc. Ent. Fr. Rev. 1862, pl. 2, fig. 6. — KRAATZ, Berl. Ent. Zeit. 1868, 349. — FAUVEL, Faun. Gallo-Rhén. III, 28, 5.

Long. 0,0026 (1 1/5 l.); — larg. 0,0015 (2/3 l.).

Corps ovale, faiblement convexe, d'un noir assez brillant, avec le sommet de l'abdomen roux; revêtu d'une fine pubescence grise, courte et peu serrée.

Tête moins large que le prothorax, peu convexe; sensiblement impressionnée-sillonnée de chaque côté entre les yeux; à peine rebordée en avant; à peine pubescente; subruguleuse; d'un noir peu brillant. *Palpes* d'un noir ou brun de poix.

Yeux assez grands, subarrondis, obscurs.

Antennes de la longueur de la tête et du prothorax réunis, à peine plus épaisses vers leur extrémité; très finement duveteuses et légèrement pilosellées; noires ou noirâtres; à 1er article épaissi en massue oblongue: le 2e presque aussi épais, suboblong, subovalaire : les suivants graduellement un peu ou à peine plus épais : les 3e et 4e grêles, oblongs, obconiques; subégaux ou avec le 4e à peine plus court : le 5e courtement ovalaire : les 6e et 7e subcarrés, les pénultièmes subtransverses : le dernier grand, plus épais, subovalaire, presque mousse au bout.

Prothorax court, environ 2 fois aussi large que long, assez rétréci en avant, de la largeur des élytres à leur base; subéchancré au sommet, avec les angles antérieurs obtus; visiblement biangulé ou même triangulé sur les côtés, à 1er angle obsolète, situé près des angles antérieurs : le 2e plus accusé, situé vers le milieu : le 3e formant la dent supérieure de l'échancrure des angles postérieurs, laquelle est assez prononcée et en arc; subtrisinué à sa base; légèrement convexe, avec la marge latérale explanée; finement et assez profondément canaliculé sur sa ligne médiane; éparsement pubescent; assez fortement, densement et rugueusement ponctué; d'un noir assez brillant, à marge latérale un peu moins foncée ou rougeâtre. *Repli* presque lisse, d'un noir ou brun de poix brillant.

Écusson subruguleux, subexcavé, obscur.

Élytres subcarrées, à peine 2 fois aussi longues que le prothorax, plus ou moins subélargies en arrière ; faiblement convexes, souvent subdéprimées ou même déprimées sur la moitié antérieure de la région suturale ; éparsément pubescentes ; assez fortement, assez densement et rugueusement ponctuées ; d'un noir de poix assez brillant. *Epaules* à peine arrondies.

Abdomen court, offrant 4 ou parfois 5 segments découverts ; assez convexe ; largement pubescent ; très finement pointillé, plus distinctement sur les côtés ; d'un noir assez brillant, à sommet d'un roux de poix. *Le 6e segment* conique, plus distinctement ponctué.

Dessous du corps légèrement pubescent, d'un noir de poix brillant, avec l'extrémité du ventre d'un roux subtestacé. *Métasternum* subconvexe, obsolètement et subruguleusement pointillé sur les côtés et en avant, presque lisse et subdéprimé sur son disque, qui offre en arrière une fine carène longitudinale. *Ventre* convexe, obsolètement ponctué sur les côtés.

Pieds à peine pointillés, très légèrement pubescents, entièment roux ainsi que les hanches.

Patrie. On rencontre cette espèce dans presque toute la France, parmi les mousses et les détritus, surtout dans les montagnes et lieux boisés. elle est moins commune que la précédente.

Obs. Elle lui ressemble beaucoup, mais elle est un peu plus grande, plus large, plus brillante et plus fortement ponctuée. Le prothorax a les côtés d'une couleur plus sombre, plus visiblement angulés. Les élytres, un peu plus courtes, sont un peu plus élargies en arrière. Les hanches et les cuisses ne sont jamais rembrunies Les antennes nous ont paru un peu plus épaissies vers leur extrémité, etc.

Les marges latérales du prothorax sont rarement complètement noires. Les élytres sont quelquefois d'un brun rougeâtre.

5. Megarthrus denticollis, Beck.

Suboblong, subdéprimé, brièvement pubescent, d'un noir peu brillant, avec le 1er article des antennes, les côtés du prothorax et les pieds roux. Tête moins large que le prothorax, subruguleuse, largement impressionnée de chaque côté, distinctement rebordée en gouttière en avant. Prothorax court, subrétréci antérieurement, de la largeur des élytres, subarqué ou à peine angulé sur les côtés, densement et ruguleusement ponctué, finement et profondément canaliculé sur le dos, à angles postérieurs échancrés en angle droit. Élytres à peine 2 fois aussi longues que le prothorax, subélargies en arrière, assez fortement, densement et ruguleusement ponctuées. Abdomen court, finement pointillé.

♂ *Le 5e arceau ventral* largement et sensiblement, *le* 6e profondément échancrés à leur bord apical. *Cuisses intermédiaires* et *postérieures* épaissies. *Tibias intermédiaires* incurvés; *les postérieurs* coudés à leur base : ces derniers subdilatés en dessous après le coude, et puis subatténués et terminés par un fort crochet. *Trochanters postérieurs* angulairement dilatés à leur sommet externe.

♀ *Le* 5e *arceau ventral* subéchancré, *le* 6e subarrondi à leur bord apical. *Cuisses* normales. *Tibias intermédiaires* et *postérieurs* simples. *Trochanters postérieurs* simples.

Omalium denticolle, Beck, Beitr. 26, 40, pl. 7, fig. 40.
Megarthrus marginicollis, Erichson, Col. March. I, 644, 2. — Heer, Faun. Helv. I, 171, 2.
Phloeobium marginicolle, Boisduval et Lacordaire, Faun. Ent. Par. I, 492. 1.
Silpha hemiptera, var. *a*, Illiger, Kaef. Pr. 355, 1.
Megarthrus denticollis, Erichson, Gen. et Spec. Staph. 906, 3. — Redtenbacher, Faun. Aust. ed. 2, 257. — Fairmaire et Laboulbène, Faun. Ent. Fr. I. 655, 3. — Kraatz, Ins. Deut. II, 1030, 4. — Jacquelin Duval, Gen. et Spec. Staph. pl. 28, fig. 136. — Thomson, Skand. Col. III, 219, 3. — Saulcy, Ann. Soc. Ent. Fr. Rev. 1862, pl. 2, fig. 5. — Fauvel, Faun. Gallo-Rhén. III, 28, 4.

Long. 0,0026 (1 1/5 l.); — larg. 0,0014 (2/3 l.).

Corps suboblong, subdéprimé, d'un noir peu brillant, avec les côtés du prothorax roux ; revêtu d'une fine et courte pubescence grise, peu serrée.

Tête moins large que le prothorax; largement impressionnée de chaque côté entre les yeux, à intervalle médian relevé en dos d'âne ou carène obtuse; distinctement rebordée en gouttière en avant; à peine pubescente; subruguleuse; d'un noir peu brillant. *Palpes* couleur de poix.

Yeux assez grands, subarrondis, obscurs.

Antennes de la longueur environ de la tête et du prothorax réunis ; à peine plus épaisses vers leur extrémité; très finement duveteuses et très légèrement pilosellées; brunâtres à 1er article d'un roux clair; celui-ci épaissi en massue oblongue : le 2e un peu moins épais, suboblong, subovalaire : les suivants graduellement à peine plus épais : les 3e et 4e grêles oblongs, obconiques : le 5e subglobuleux ou très courtement ovalaire : les 6e et 7e subcarrés, les pénultièmes non ou à peine transverses : le dernier grand, plus épais, brièvement ovalaire, mousse.

Prothorax court, environ 2 fois aussi large que long, subrétréci en avant, de la largeur des élytres; tronqué au sommet, avec les angles antérieurs subarrondis; simplement subarqué ou à peine visiblement subangulé sur les côtés; subtrisinué à sa base; à angles postérieurs nettement échancrés en angle droit et comme bidenticulés; faiblement convexe, à marge latérale explanée; finement et profondément canaliculé sur sa ligne médiane; brièvement et éparsement pubescent; assez fortement densement et rugueusement ponctué; d'un noir peu brillant, à marge latérale largement d'un roux plus ou moins clair. *Repli* presque lisse, d'un roux brillant.

Écusson subruguleux, subcanaliculé, noirâtre.

Élytres subcarrées, à peine 2 fois aussi longues que le prothorax, subélargies en arrière; faiblement convexes ou subdéprimées; brièvement et éparsement pubescentes; assez fortement, densement et ruguleusement ponctuées; d'un noir peu brillant, parfois brunâtre. *Épaules* subarrondies.

Abdomen court, offrant au moins 4 segments découverts; subconvexe ; légèrement pubescent; finement, assez densement et distinctement pointillé; d'un noir un peu brillant à sommet d'un roux de poix. *Le* 6e *segment* conique, moins finement ponctué.

Dessous du corps à peine pubescent, d'un noir brillant, avec le sommet du ventre d'un roux ferrugineux. *Métasternum* subconvexe, pointillé sur les côtés, plus lisse sur son disque où il offre en arrière 2 linéoles et 1 carinule légères. *Ventre* convexe, finement et assez densement pointillé.

Pieds obsolètement pointillés, légèrement pubescents, roux, avec les hanches postérieures parfois un peu plus foncées.

Patrie. Cette espèce, qui est rare, se prend sous les écorces des arbres, les crottins, les détritus, les mousses, surtout en été, dans les régions septentrionales ou orientales de la France. Elle préfère les forêts et les montagnes.

Obs. Elle ne souffre aucune difficulté. Elle est nettement distincte de toutes les précédentes par son front distinctement rebordé en gouttière en avant jusqu'aux yeux; par ses antennes à 1er article d'un roux clair; par son prothorax à angles postérieurs échancrés en angle droit; par les différences ♂ des pieds intermédiaires et postérieurs. De plus, le canal médian du prothorax se continue plus ou moins sur l'écusson, qui, chez les autres espèces, est simplement déprimé ou subexcavé, etc.

Quelquefois le disque du prothorax et les élytres sont d'un brun un peu roussâtre, avec les 2e et 3e articles des antennes d'un roux de poix.

On donne pour synonymes au *denticollis* les *affinis* et *marginatus* de Stephens (Ill. Brit. V, 333).

6. **Megarthrus nitidulus**, Kraatz.

Ovale, subdéprimé, très finement pubescent, d'un noir assez brillant, avec les 2 ou 3 premiers articles des antennes, les angles postérieurs du prothorax et les pieds roux. Tête bien moins large que le prothorax, subruguleuse, subimpressionnée de chaque côté, à peine rebordée en avant. Prothorax très court, rétréci antérieurement, de la largeur des élytres, subarqué ou à peine angulé sur les côtés, très densement et ruguleusement ponctué, finement et profondément canaliculé sur le dos, à angles postérieurs échancrés en angle obtus, à dent postérieure aiguë, subdéjetée en arrière. Élytres une fois et deux tiers aussi longues que le prothorax, subélargies postérieurement, assez fortement, assez densement et ruguleusement ponctuées. Abdomen court, légèrement pointillé.

♂ *Le* 5e *arceau ventral* légèrement, *le* 6e fortement et arcuément échancrés à leur bord apical. *Tibias intermédiaires* sensiblement, les *postérieurs* légèrement échancrés ou sinués intérieurement.

♀ *Le* 5e *arceau ventral* subéchancré, *le* 6e subarrondi à leur bord apical. *Tibias intermédiaires* et *postérieurs* simples.

Megarthrus nitidulus, KRAATZ, Ins. Deut. II, 1028, 2.— FAUVEL, Faun. Gallo-Rhén. III, 27, 2.

Long. 0,0025 (1 1/7 l.); — larg. 0,0014 (2/3 l.)

PATRIE. La Suisse, l'Allemagne.

OBS. Comme cette espèce, à notre connaissance, n'a pas été rencontrée en France, nous ne la décrirons pas plus amplement.

Elle est un peu plus ovale et un peu plus brillante que le *denticollis*. La tête, moins rebordée en avant, est moins relevée en faîte sur son milieu. Les antennes sont plus largement rousses à leur base. Le prothorax, un peu plus densement ponctué, est un peu plus convexe sur le dos, plus obtusément échancré aux angles postérieurs, mais avec la dent postérieure de l'échancrure plus saillante. Ses côtés ne sont explanés et roux que vers ces mêmes angles postérieurs. Les élytres sont un peu moins densement ponctuées, à ponctuation un peu moins râpeuse. L'abdomen est plus légèrement pointillé, etc.

Il diffère du *depressus* par sa forme un peu plus ramassée, par sa couleur moins mate, par sa ponctuation moins fine, par ses antennes rousses à leur base, etc.

7. **Megarthrus hemipterus**, ILLIGER.

Ovale, assez large, subdéprimé, légèrement pubescent, d'un roux ferrugineux presque mat, avec la tête noire. Celle-ci moins large que le prothorax, ruguleuse, largement impressionnée de chaque côté, rebordée en gouttière en avant. Prothorax très court, rétréci en avant, de la largeur des élytres, subarqué ou à peine sinueux sur les côtés, assez finement, densement et rugueusement ponctué, finement et assez profondé-

ment canaliculé sur le dos, impressionné sur ses marges explanées, à angles postérieurs légèrement échancrés. Élytres presque 2 fois aussi longues que le prothorax, subélargies en arrière, assez fortement, densement et rugueusement ponctuées. Abdomen court, finement pointillé.

♂ Les 5e et 6e *arceaux du ventre* largement et assez profondément échancrés, le fond de l'échancrure du 6e légèrement trisinué. Les 6e et 7e obsolètement ponctués. *Cuisses intermédiaires* et *postérieures* subarquées et subélargies. *Tibias intermédiaires* incourbés à leur base; les *postérieurs* sinués en dessous et fortement dentés en leur milieu. *Trochanters intermédiaires* à peine, les *postérieurs* plus distinctement et subangulairement dilatés en leur milieu.

♀ Le 5e *arceau du ventre* largement et médiocrement échancré, le 6e subarrondi au bord apical : les 6e et 7e lisses. *Cuisses* normales. *Tibias intermédiaires* simples, les *postérieurs*, vus d'un certain côté, à peine élargis en dessous avant leur milieu. *Trochanters intermédiaires* et *postérieurs* simples.

Silpha hemiptera, ILLIGER, Schneid. Mag. V, 597, 5.— PANZER, Faun. Germ. 25, 6.
Silpha hemiptera, var. β, ILLIGER, Kaef. Pr. 355, 1.
Omalium depressum, var. *c*, GYLLENHAL, Ins. Suec. III, 699, 11.
Staphylinus melanocephalus, OLIVIER, Ent. III, n° 42, 38, 55, pl. IV, fig. 52.
Phloeobium nitiduloides, BOISDUVAL et LACORDAIRE, Faun. Ent. Par. I, 493, 2.
Megarthrus hemipterus, ERICHSON, Col. March. I, 645, 3; — Gen. et Spec. Staph. 906, 4. — HEER, Faun. Helv. I, 172, 3. — REDTENBACHER, Faun. Austr. ed. 2, 258. — FAIRMAIRE et LABOULBÈNE, Faun. Ent. Fr. I, 655, 4. — KRAATZ, Ins. Deut. II, 1031, 5. — THOMSON, Skand. Col. III, 219, 4. — SAULCY, Ann. Soc. Ent. Fr. Rev. 1862, pl. 2, fig. 9. — FAUVEL, Faun. Gallo-Rhén. III, 28, 6

Long., 0m,0028 (1 1/4 l.); — larg. 0m,0016 (3/4 l.).

Corps ovale, assez large, subdéprimé, d'un roux ferrugineux presque mat, à tête noire ; revêtu d'une légère et courte pubescence grise, peu serrée.

Tête moins large que le prothorax, à peine convexe, largement impressionnée de chaque côté, plus ou moins rebordée en gouttière en avant, à peine pubescente, ruguleuse ; d'un noir peu brillant. *Parties de la bouche* rousses.

Yeux assez grands, subarrondis, noirs.

Antennes à peine moins longues que la tête et le prothorax réunis, à peine plus épaisses vers leur extrémité ; très finement duveteuses et faiblement pilosellées ; d'un roux testacé, parfois à peine rembrunies vers leur sommet ; à 1er article épaissi en massue suboblongue : le 2e un peu moins épais, suboblong, subovalaire : les suivants graduellement un peu ou à peine plus épais : les 3e et 4e étroits, oblongs, subégaux : les 5e à 10e graduellement plus courts : les 5e à 7e à peine plus longs que larges, obconiques ; le 5e subcarré, les pénultièmes subtransverses : le dernier grand, plus épais, brièvement ovalaire, mousse.

Prothorax très court, plus de 2 fois aussi large que long, rétréci en avant, de la largeur des élytres ; subéchancré au sommet avec les angles antérieurs obtus ; subarqué ou à peine sinueux sur les côtés ; subtrisinué à sa base, à angles postérieurs légèrement échancrés, avec la dent antérieure obtuse et la postérieure subaiguë ; faiblement convexe, à marges latérales largement explanées, impressionnées sur leur milieu ; finement et assez profondément canaliculé sur sa ligne médiane ; légèrement pubescent ; assez finement, densement et rugueusement ponctué ; d'un roux ferrugineux presque mat. *Repli* presque lisse, d'un roux brillant.

Écusson subruguleux, d'un roux presque mat.

Élytres subcarrées, presque 2 fois aussi longues que le prothorax ; subélargies en arrière ; faiblement convexes, souvent subdéprimées sur la région suturale ; légèrement pubescentes ; assez fortement, densement et rugueusement ponctuées ; d'un roux ferrugineux presque mat. *Épaules* à peine émoussées, à calus saillant et prolongé en arrière.

Abdomen court, offrant au moins 4 segments découverts ; assez convexe, légèrement pubescent ; finement et assez densement pointillé ; d'un roux ferrugineux peu brillant. Le 6e *segment* conique.

Dessous du corps d'un roux ferrugineux assez brillant, avec le sommet du ventre plus clair. *Prosternum* brièvement carinulé en avant. *Carène mésosternale* bien prononcée, noire. *Métasternum* subconvexe, subrugueusement pointillé sur les côtés et antérieurement, subdéprimé et presque lisse sur son disque qui offre en arrière 2 linéoles raccourcies et obsolètes et 1 petite carène médiane ; à angle antérieur ruguleux, obscur, parfois émoussé et subtronqué. *Ventre* assez convexe, finement, assez densement et subrugueusement pointillé, avec le sommet plus lisse.

Pieds éparsement pointillés, à peine pubescents, d'un roux subtestacé ainsi que les hanches.

Patrie. Cette espèce, peu commune, vit dans les bolets décomposés. On la trouve, en été, dans diverses parties de la France, surtout dans les lieux boisés ou montagneux.

Obs. Elle est séparée de tous ses congénères par sa couleur d'un roux ferrugineux, avec la tête noire. La structure des pieds intermédiaires et postérieurs des ♂ la rapproche un peu du *denticollis*. Outre la coloration, la forme est plus large et plus ramassée.

Les uns rapportent le *rufescens* de Stephens (Ill. Brit. V, 231) à l'*hemipterus* ♂, les autres au *denticollis* dont il serait alors une variété immature.

DIXIÈME FAMILLE

PHLÉOBIENS

Caractères. *Corps* assez court, suboblong. *Tête* assez grande, saillante, portée sur un col notablement court. *Front* sensiblement prolongé au devant de l'insertion des antennes. *Épistome* relevé et subéchancré en avant. *Vertex* avec 1 seul ocelle. *Tempes* séparées en dessous par un intervalle assez grand. *Palpes maxillaires* de 4 articles, les *labiaux* de 3. *Antennes* de 11 articles; très écartées à leur base ; insérées sous la saillie des bords latéraux du front, bien en avant du niveau antérieur des yeux, en dehors de la base externe des mandibules ; à 1er article normal. *Prothorax* transverse, largement explané et tranchant sur les côtés. *Élytres* rebordées-subexplanées latéralement, dépassant un peu la poitrine, laissant à découvert, au moins, les 4 derniers segments de l'abdomen, sans compter celui de l'armure. *Abdomen* rebordé sur les côtés, ne se relevant pas en l'air; le segment de l'armure caché en dessous. *Prosternum* peu développé au devant des hanches antérieures. *Mésosternum* médiocre. *Métasternum* à peine sinué pour l'insertion des hanches postérieures. *Hanches antérieures* grandes, sublinéaires, non saillantes, transversalement et obliquement couchées ; les *intermédiaires* rapprochées ; les *postérieures* transverses. *Trochanters postérieurs* assez grands, atteignant au moins le quart des cuisses. *Tibias* mutiques. *Tarses* de 5 articles.

Obs. Cette famille est caractérisée par la présence d'un ocelle unique sur le milieu du vertex et par la conformation singulière de l'épistome. Elle ne reconnait qu'un genre.

Genre *Phloeobium*, Phléobie ; Boisduval et Lacordaire.

Boisduval et Lacordaire, Faun. Ent. Par. I, 492. — Jacquelin Duval, Gen. Staph. 80, pl. 28, fig. 137.

Étymologie : φλοίος, écorce ; βιόω, je vis.

Caractères. *Corps* assez court, assez large, suboblong, peu convexe, ailé.

Tête assez grande, saillante, transverse, dilatée en oreillette au devant des yeux, fortement resserrée à sa base, portée sur un col notablement court. *Vertex* muni sur son milieu d'1 ocelle bien distinct. *Tempes* séparées en dessous par un intervalle assez large, évasé en avant. *Épistome* soudé au front, largement relevé en gouttière et subéchancré antérieurement. *Labre* transverse, caché par l'épistome, infléchi, subsinué à son bord antérieur. *Mandibules* petites, à peine saillantes, aiguës au sommet, mutiques en dedans, pourvues en dehors d'une bordure membraneuse. *Palpes maxillaires* médiocres, à 1er article petit : le 2e grand, comprimé, subsécuriforme : le 3e un peu plus court et plus étroit : le dernier plus long, plus grêle, acuminé. *Palpes labiaux* courts, de 3 articles graduellement plus étroits : le dernier grêle, un peu plus long. *Menton* grand, transverse, trapéziforme, subtronqué ou subarrondi au sommet.

Yeux assez grands, assez saillants, semiglobuleux, séparés du cou par un espace modéré.

Antennes assez courtes, assez grêles, presque droites, à 1er article épaissi : le 2e subépaissi : les suivants étroits, graduellement un peu plus courts et plus épais : les 3 derniers plus grands : le dernier épais, ovalaire-suboblong.

Prothorax transverse, subrétréci en avant, de la longueur des élytres ; bisinué au sommet et à la base ; largement rebordé-explané sur les côtés ; subarqué sur ceux-ci, avec les angles postérieurs échancrés ; creusé sur le dos d'un canal longitudinal assez accusé. *Repli* grand, subhorizontal, peu visible vu de côté, émettant en arrière des hanches un grand lobe cunéiforme, isolé.

Ecusson médiocre, subtriangulaire.

Élytres assez grandes, subcarrées, dépassant un peu la poitrine, tronquées au sommet, arrondies à leur angle postéro-externe, presque droites sur les côtés, rebordées en gouttière sur ceux-ci, très finement rebordées sur la suture. *Repli* large, fortement infléchi. *Épaules* peu saillantes.

Prosternum peu développé au devant des hanches antérieures, formant entre celles-ci un angle très court à sommet submucroné. *Mésosternum* médiocre, convexe ou subglobuleux sur son disque, finement carinulé sur sa ligne médiane, rétréci en arrière en pointe aciculée, prolongée jusqu'aux deux tiers environ des hanches intermédiaires. *Médiépisternums* très grands, séparés du mésosternum par une suture arquée. *Médiépimères* petites, subtriangulaires. *Métasternum* assez court, large, à peine sinué pour l'insertion des hanches postérieures, subangulé entre celles-ci ; avancé entre les intermédiaires en angle prononcé, droit ou subaigu. *Postépisternums* étroits, en languette. *Postépimères* médiocres, cunéiformes.

Abdomen assez court, assez large, obtusément acuminé au sommet ; relevé en tranche sur les côtés ; s'incurvant un peu en dessous ; à 2 premiers segments normaux ordinairement cachés : les 4 premiers subégaux, le 5e plus grand : le 6e saillant, en cône mousse : celui de l'armure à peine saillant. *Ventre* à 1er arceau plus grand que le suivant, relevé sur le milieu de sa base en carène comprimée et subtriangulaire (1) : les 2e à 5e courts, subégaux, le 6e plus grand : le 7e bien apparent, bivalve (♂) ou à peine saillant (♀).

Hanches antérieures grandes, un peu moins longues que les cuisses, non saillantes, sublinéaires, transversalement et obliquement couchées, contiguës intérieurement. Les *intermédiaires* moindres, subovales, non saillantes, rapprochées. Les *postérieures* assez grandes, subcontiguës en dedans ; à *lame supérieure* transverse, dilatée intérieurement en cône court et tronqué ; à *lame inférieure* étroite, verticale ou enfouie.

Pieds assez courts, assez robustes. *Trochanters antérieurs* et *intermédiaires* petits, cunéiformes ; les *postérieurs* plus grands, suballongés, atteignant au moins le quart de la longueur des cuisses. *Celles-ci* subcomprimées, subélargies vers leur milieu. *Tibias* sublinéaires, à peine rétrécis à leur base, à peine pubescents, mutiques, armés au bout de leur

(1) Le 2me basilaire, qui précède le 1er normal, est également relevé en carène, mais au sommet de sa ligne médiane.

tranche inférieure de 2 très petits éperons peu distincts ; les *intermé, diaires* et *postérieurs* plus ou moins flexueux. *Tarses* assez courts, à 4 premiers articles courts, graduellement à peine plus courts : le dernier en massue, presque égal aux précédents réunis. *Ongles* petits, grêles, subarqués, infléchis.

Obs. Le *Phloeobium clypeatum*, seule espèce de ce genre, vit sous les écorces, les détritus, les feuilles mortes, etc. Sa démarche est assez lente. Il est remarquable par la forme de la tête relevée en avant, à oreillette sur les côtés, à ocelle unique en arrière sur le front.

1. **Phloeobium clypeatum**, Muller.

Subolong, peu convexe, éparsement pubescent, d'un roux testacé presque mat, avec la tête et le disque du prothorax un peu plus foncés, les yeux et les antennes noirs, le dernier article de celles-ci testacé. Tête un peu moins large que le prothorax, fortement et rugueusement ponctuée, largement relevée en gouttière et subéchancrée en avant. Prothorax très court, subrétréci antérieurement, de la largeur des élytres, subarqué sur les côtés, profondément et subrugueusement ponctué, assez fortement canaliculé sur sa ligne médiane, largement explané latéralement, à angles postérieurs échancrés. Élytres plus de 2 fois aussi longues que le prothorax, faiblement élargies en arrière, assez fortement et assez densement ponctuées. Abdomen assez court, râpeusement pointillé.

♂ Le 6e *arceau ventral* légèrement et angulairement sinué dans le milieu de son bord apical, avec le sinus précédé d'une impression triangulaire parcourue par un petit canal lisse et brillant et à côtés subrelevés. Le 7e saillant. *Cuisses intermédiaires* et *postérieures* à peine renflées, avec leurs tibias arqués, subépaissis après leur base et puis largement échancrés après leur milieu, en dessous.

♀ Le 6e *arceau ventral* simple, subogivalement arrondi à son bord apical. Le 7e à peine saillant. *Cuisses* normales. *Tibias intermédiaires* et *postérieurs* subarqués à leur base, faiblement flexueux sur leur tranche inférieure.

Silpha clypeata, Muller *in* Germar Mag. IV, 204, 12. — Germar, Faun. Ins. Eur. V, 5.

Megarthrus clypeatus, ERICHSON, Col. March. I, 646, 4. — HEER, Faun. Helv. I, 172, 4.

Phloeobium corticale, BOISDUVAL et LACORDAIRE, Faun. Ent. Par. I, 494, 5.

Phloeobium clypeatum, ERICHSON, Gen. et Spec. Staph. 907, 1. — REDTENBACHER, Faun. Austr. ed. 2, 258. — FAIRMAIRE et LABOULBÈNE, Faun. Ent. Fr. I, 656, 1. — KRAATZ, Ins. Deut. II, 1033, 1. — JACQUELIN DUVAL, Gen. Staph. pl. 28, fig. 137. — FAUVEL, Faun. Gallo-Rhén. III, 25, 1.

Long., $0^{m},0026$ (1 1/5 l.); — larg., $0^{m},0012$ (1/2 l.).

Corps suboblong, peu convexe, d'un roux testacé presque mat, avec la tête et le disque du prothorax souvent plus foncés; revêtu d'une fine pubescence blonde, assez brillante, courte et très peu serrée.

Tête un peu moins large que le prothorax, faiblement convexe sur son milieu, largement relevée en gouttière et subéchancrée en avant, dilatée en oreillette au devant des yeux; légèrement pubescente; fortement, densement et rugueusement ponctuée; d'un roux presque mat, souvent assez foncé, avec la marge antérieure plus claire. *Palpes* d'un roux testacé.

Yeux assez grands, semiglobuleux, noirs.

Antennes environ de la longueur de la tête et du prothorax réunis, un peu plus épaisses vers leur extrémité; très finement duveteuses et éparsement pilosellées; noires ou noirâtres, à 1er article souvent d'un roux de poix au moins à sa base et le dernier testacé; le 1er épaissi en massue oblongue: le 2e un peu moins épais, suboblong: les suivants obconiques, graduellement un peu plus épais et un peu plus courts: les 3e et 4e étroits: le 3e oblong: le 4e un peu moins long: les 5e à 7e un peu, le 8e à peine plus longs que larges: les 3 derniers plus épais, non contigus: le 9e aussi long que large, le pénultième transverse: le dernier ovalaire-suboblong, mousse.

Prothorax très court, plus de 2 fois aussi large que long, subrétréci en avant, de la largeur des élytres; bisinué au sommet avec les angles antérieurs presque droits, mais émoussés; faiblement arqué sur les côtés; bisinué à sa base, à lobe médian large et plus prolongé; à angles postérieurs légèrement échancrés en angle droit, avec le côté supérieur de l'angle bien plus développé que l'autre qui est très court; assez convexe sur le dos, à marges latérales largement explanées et leur tranche très obsolètement crénulée; assez profondément canaliculé sur sa ligne médiane; très éparsement pubescent; profondément, densement et subrugueusement ponctué; d'un roux presque mat, souvent assez sombre, avec les marges latérales plus pâles, plus lisses, plus brillantes et comme transparentes. *Repli* obsolètement ruguleux, d'un roux testacé assez brillant.

Écusson subruguleux, roussâtre.

Élytres subcarrées, plus de 2 fois aussi longues que le prothorax, faiblement élargies en arrière; légèrement convexes, très obsolètement crénulées sur leur tranche latérale; très éparsement pubescentes; assez fortement et assez densement ponctuées; d'un roux testacé presque mat. *Épaules* subarrondies.

Abdomen assez court, offrant au moins 4 segments découverts; convexe; éparsement pubescent; finement, assez densement et râpeusement pointillé; d'un roux subtestacé peu brillant. *Le* 6e *segment* conique, émoussé au sommet.

Dessous du corps d'un roux subtestacé assez brillant, avec le dessous de la tête parfois plus sombre. *Métasternum* peu convexe, assez fortement et modérément ponctué, subdéprimé sur son disque, finement canaliculé en arrière sur sa ligne médiane, à angle antérieur quelquefois un peu rembruni. *Ventre* subconvexe, assez finement et subrâpeusement ponctué, plus légèrement sur sa région médiane.

Pieds subrâpeusement pointillés, à peine pubescents, d'un roux testacé ainsi que les hanches. *Tibias* très finement, obsolètement et presque invisiblement crénulés sur leur tranche externe.

Patrie. On rencontre cette espèce, toute l'année et communément, sous les mousses, les détritus, les feuilles mortes, les écorces et les bois pourris infectés de substances cryptogamiques, dans presque toute la France.

Obs. Les exemplaires les plus adultes sont d'un roux testacé ou ferrugineux, avec la tête et le disque du prothorax plus sombres; les immatures sont entièrement testacés, moins les yeux.

Les côtés de l'impression du 6e arceau ventral ♂ sont plus ou moins relevés en arrière en forme de bosse obtuse.

SUPPLÉMENT

AUX

STAPHYLINIENS

3-4 Gabrius pubens, Mulsant et Rey.

Allongé, sublinéaire, subdéprimé, assez longuement pubescent, d'un noir de poix brillant, avec la bouche, la base des antennes, les élytres et les pieds d'un roux ferrugineux. Élytres assez finement et assez densement ponctuées, de la longueur du prothorax; celui-ci oblong, subrétréci en avant. Abdomen finement et densement pointillé, plus lisse en arrière.

♂ *Le 6e arceau ventral* angulairement échancré au sommet.

♀ *Le 6e arceau ventral* subarrondi au sommet.

Long. 0,0040 (1 3/4 l.); — larg. 0,0004 (1/5 l.).

Patrie. Cette espèce a été prise, en mars, dans les inondations de la Garonne, à Saint-Raphaël (Var). Elle est très rare.

Obs. Elle rentre, par son prothorax subrétréci en avant, dans la section des *vernalis* et *pisciformis*. Mais elle est bien moindre et autrement colorée.

Elle a tout à fait le port du *splendidulus*, avec une taille un peu plus petite; des antennes moins épaisses, plus obscures, à articles 5-10 moins fortement transverses; un prothorax subrétréci en avant plutôt qu'en arrière ; des élytres d'une couleur moins sombre, à peine moins fortement mais évidemment plus densement pointillées, à pubescence plus longue ; un abdomen plus finement et plus densement pointillé, à segments non bordés de roux à leur marge apicale, à pubescence à peine plus longue mais plus serrée, etc.

Elle diffère du *thermarum* par une taille un peu plus forte, par ses élytres et son abdomen plus densement ponctués et à pubescence plus longue (1), etc.

On ne saurait la confondre avec la variété à élytres pâles du *nigritulus*, à cause de son prothorax à séries de 5 points au lieu de 6 et de ses antennes moins longues, à articles 5-10 plus transverses, etc.

La base des antennes et les pieds sont parfois d'un roux testacé, avec le sommet de l'abdomen d'un roux de poix.

(1) A propos du *thermarum* (p. 394, ligne 3), au lieu de *rétréci en arrière*, il faut lire *non rétréci en arrière*; et (p. 403, ligne 1), au lieu de 2 *l.* 1/2, il faut lire 1 *l.* 1/2.

TABLEAUX MÉTHODIQUES

DES FAMILLES

FAMILLE DES PHLÉOCHARIENS

Genre *Olisthaerus*, ERICHSON.

megacephalus, ZETTERSTEDT.
substriatus, GYLLENHAL.

Genre *Phloeocharis*, MANNERHEIM.

subtilissima, MANNERHEIM.
minutissima, HEER.

Genre *Scotodytes*, DE SAULCY.

laticollis, FAUVEL.
corsicus, FAUVEL.
paradoxus, DE SAULCY.
Diecki, DE SAULCY.

Genre *Pseudopsis*, NEWMAN.

sulcata, NEWMAN.

FAMILLE DES TRIGONURIENS

Genre *Trigonorus*, MULSANT.

Mellyi, MULSANT.
Asiaticus, REICHE.

FAMILLE DES PROTÉINIENS

Genre *Proteinus*, LATREILLE.

brevicollis, ERICHSON.
brachypterus, FABRICIUS.
limbatus, MAECKLIN.
macropterus, GYLLENHAL.
fallax, MULSANT et REY.
atomarius, ERICHSON.
Olivieri, SAULCY.

Genre *Megarthrus*, STEPHENS.

depressus, PAYKULL.
stercorarius, PANDELLÉ.
affinis, MILLER.
sinuatocollis, BOISD. et LACORD.
denticollis, BECK.
nitidulus, KRAATZ.
hemipterus, ILLIGER.

FAMILLE DES PHLÉOBIENS

Genre *Phloeobium*, BOISDUVAL et LACORDAIRE.

clypeatum, MULLER.

TABLE ALPHABÉTIQUE

DES

ESPÈCES DÉCRITES

EXPLICATION DES PLANCHES

Planche I

1. Labre du genre *Olistaerus*.
2. Palpe maxillaire du genre *Olistaerus*.
3. Palpe labial du id. id.
4. Prosternum du id. id.
5. Mésosternum du id. id.
6. Repli prothoracique du genre id.
7. » » du genre *Phloeocharis* (subtilissima).
8. Palpe maxillaire du id. id.
9. Palpe labial du id. id.
10. Labre du id. id.
11. Prosternum du id. id.
12. Mésosternum du id. id.
13. Antenne du *Scotodytes paradoxus*
14. Palpe maxillaire du genre *Pseudopsis*.
15. Palpe labial du id. id.
16. Prosternum du id. id.
17. Mésosternum du id. id.
18. Labre du id id.
19. Palpe maxillaire du genre *Trigonurus*.
20. Palpe labial du id. id.
21. Prosternum du id id.
22. Mésosternum du id. id.
23. Premier arceau ventral du genre *Trigonurus*.
24. Repli prothoracique du id. id.
25. Labre du id. id.
26. Palpe maxillaire du genre *Proteinus*.
27. Palpe labial du id. id.
28. Prosternum du id. id. et à peu près aussi du genre *Megarthrus*.
29. Labre du genre *Proteinus*.
30. Tibia intermédiaire du *Proteinus brachypterus* ♂.
31. » » du *Proteinus limbatus* ♂.
32. Sommet du ventre des *Proteinus* ♂ en général.
33. » » des *Proteinus* ♀ en général.
34. Pointe mésosternale des *Proteinus brevicollis* et *brachypterus*.
35. » » du *Proteinus atomarius*.

BREVIPENNES

Pl. I.

Phléochariens, Trigonuriens, Proteiniens

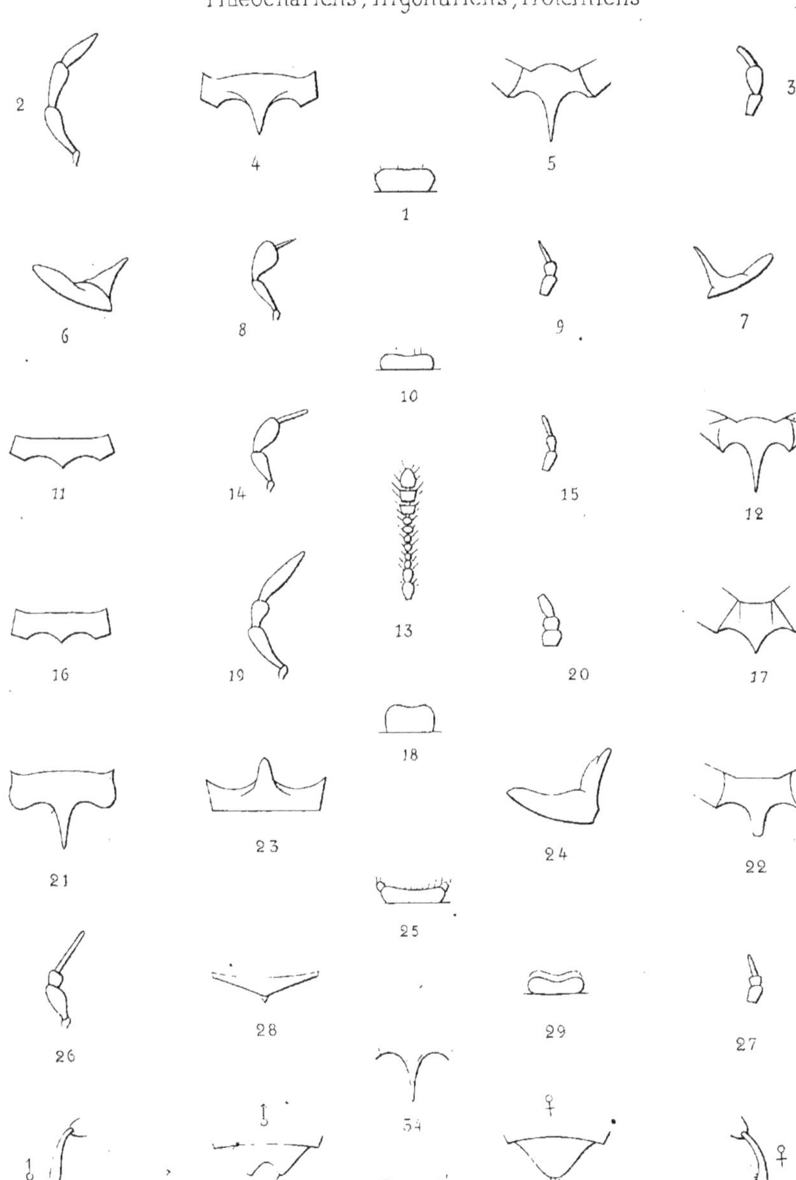

C. Rey del.

Lyon Impr. Fugère

Dechaud sculp.

Planche II

1. Tibia intermédiaire du *Proteinus brevicollis* et à peu près aussi du *macropterus* ♂.
2. Tibia intermédiaire du *Proteinus atomarius* ♂.
3. Labre du genre *Megarthrus*.
4. Palpe maxillaire du genre *Magarthrus*.
5. Palpe labial du id. id.
6. Pointe mésosternale du id. id.
7. Sommet du ventre du *Megarthrus depressus* ♂.
8. » » du *Megarthrus stercorarius* ♂.
9. Tibia postérieur du *Megarthrus depressus* ♂.
10. » » du *Magarthrus stercorarius* ♂.
11. Sommet du ventre du *Magarthrus affinis* ♂.
12. Tibia postérieur du id. id. et à peu près aussi du *nitidulus* ♂.
13. Tibia postérieur du *Megarthrus sinuatocollis* ♂.
14. » » du *Megarthrus denticollis* ♂.
15. » » du *Megarthrus hemipterus* ♂.
16. Sommet du ventre du *Megarthrus sinuatocollis* et à peu près aussi du *denticollis* ♂.
17. Sommet du ventre du *Megarthrus hemipterus* ♂.
18. Labre du genre *Phloeobium*.
19. Palpe maxillaire du genre *Phloeobium*.
20. Palpe labial du id. id.
21. Chaperon du id. id.
22. Prosternum du id. id.
23. Mésosternum du id. id.
24. Mandibule du genre *Phloeobium*.
25. Sommet du ventre du *Phloeobium clypeatum* ♂.
26. » » du id. id. ♀.
27. Tibia postérieur (et même intermédiaire) du *Phloeobium clypeatum* ♂.
28. Tibia postérieur du *Phloeobium clypeatum* ♀.

BREVIPENNES

Pl. II

Proteiniens, Phléobiens

1 4 6 5 2

7 9 8

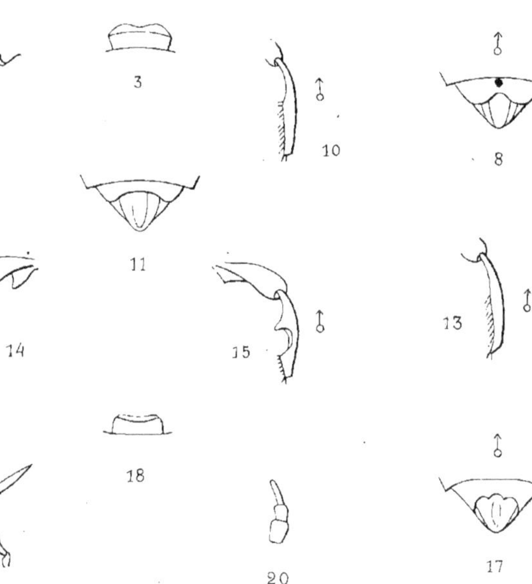

12 13

16 19 17

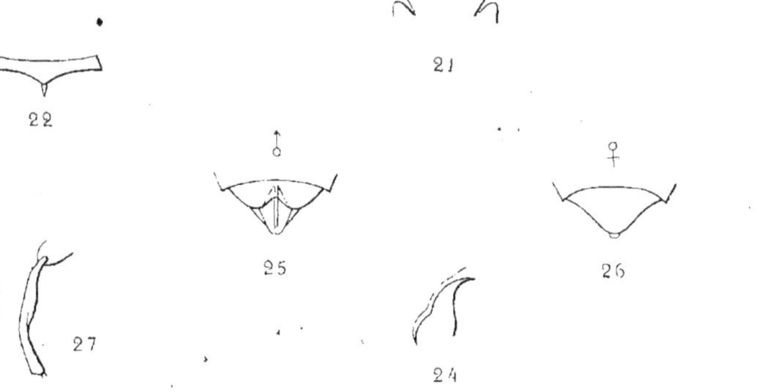

23

28

C. Rey del.

Lyon Imp. Fugère

Dechaud sculp.

OUVRAGES DU MÊME AUTEUR

HISTOIRE NATURELLE DES COLÉOPTÈRES DE FRANCE.

— PALPICORNES. *Paris*, 1844. 1 vol. in-8.
— SULCICOLLES. — SÉCURIPALPES. *Paris*, 1846. 1 vol. in-8.
— HÉTÉROMÈRES. LATIGÈNES. *Paris*, 1854. 1 vol. in-8.
— HÉTÉROMÈRES. PECTINIPÈDES. *Paris*, 1855. 1 vol. in-8.
— HÉTÉROMÈRES. BARBIPALPES. — LONGIPÈDES. — LATIPENNES. *Paris*, 1856. 1 vol. in-8.
— HÉTÉROMÈRES. VÉSICANTS. *Paris*, 1857. 1 vol. in-8.
— HÉTÉROMÈRES. ANGUSTIPENNES. *Paris*, 1858. 1 vol. in-8.
— HÉTÉROMÈRES. COLLIGÈRES. 1866. 1 vol. in-8, avec REY.
— HÉTÉROMÈRES. ROSTRIFÈRES. *Paris*, 1859. 1 vol. in-8.
— ALTISIDES, par C. Foudras. *Paris*, 1859-60. 1 vol. in-8.
— MOLLIPENNES. *Paris*, 1862. 1 vol. in-8.
— LONGICORNES. 2e édit. 1862-1863. 1 vol. in-8.
— ANGUSTICOLLES. — DIVERSIPALPES. 1 vol. in-8, avec REY.
— TÉRÉDILES. 1864. 1 vol. in-8, avec REY.
— FOSSIPÈDES et BRÉVICOLLES. 1865. in-8, avec REY.
— SCUTICOLLES. 1867, in-8, avec REY.
— VÉSICULIFERES. 1867. 1 vol. in-8, avec REY.
— FLORICOLES. 1868. In-8, avec REY.
— GIBBICOLLES. 1868. 1 vol. in-8, avec REY.
— PILULIFORMES. 1869. 1 vol. in-8, avec REY.
— LAMELLICORNES. — PECTINICORNES. 1871. In-8, avec REY.

SPÉCIÈS DES TRIMÈRES SÉCURIPALPES. *Lyon*, 1850-1851. Grand in-8.

MONOGRAPHIE DES COCCINELLIDES. 1866, in-8.

OPUSCULES ENTOMOLOGIQUES, grand in-8.

— 1er cahier. 1852. Mémoires divers.
— 2me cahier. 1853. Id.
— 3me cahier. 1853. Coccinellides.
— 4me cahier. 1853. Parvilabres.
— 5me cahier. 1854. Id.
— 6me cahier. 1855. Mémoires divers.
— 7me cahier. 1856. Id.
— 8me cahier. 1858. Id.
— 9me cahier. 1859. Parvilabres, etc.
— 10me cahier. 1859. Parvilabres.
— 11me cahier. 1859-60 Mémoires divers.
— 12me cahier. 1861. Id.
— 13me cahier. 1863. Id.
— 14me cahier. 1870. Id.
— 15me cahier. 1873. Id.
— 16m cahier. 1875. Id.

COURS D'HISTOIRE NATURELLE. *Paris*, 1868, 3e édit. (Zoologie). — 1869 3e édit. (Physiologie). — 1869, 3e édit. (Géologie).

HISTOIRE NATUR. DES PUNAISES DE FRANCE. — SCUTELLÉRIDES. 1865. In-8. — PENTATOMIDES. 1866. In-8. — CÉRIDES, etc. in-8, avec Rey, 1870.

ESSAI D'UNE CLASSIFICATION DES TROCHILIDÉS. 1866. In-8, av. MM. Verreaux.

LETTRES A JULIE SUR L'ORNITHOLOGIE. *Paris*, 1868. Grand in-8. Fig. col.

LETTRES A JULIE SUR L'ENTOMOLOGIE, 2 vol. in-8.

SOUVENIRS DU MONT PILAT. 1870. 2 vol. in-18.

SOUS PRESSE : BRÉVIPENNES (Suite.) — PUNAISES DE FRANCE (LYGÉIDES (suite). — OPUSCULES, 17e cahier. — BIOGRAPHIES, T. I

[illegible]

Cet ouvrage, [illegible]

quatre volumes [illegible]

accompagnés de [illegible]

artistes et coloriés [illegible]

Chaque volume a [illegible]

viron, et de quatre [illegible]

sentant des principaux genres, [illegible]

il est nécessaire [illegible]

LYON

GEORG, LIBRAIRE, [illegible]

PARIS

[illegible], 23, RUE DE LA MONNAIE

Prix [illegible]

www.ingramcontent.com/pod-product-compliance
Ingram Content Group UK Ltd.
Pitfield, Milton Keynes, MK11 3LW, UK
UKHW012243240726
13966UKWH00004B/1259

9 782011 902016